作者简介
Author

刘云，博士，东北农业大学教授，博士生导师。现任东北农业大学动物医学学院动物临床教学医院院长。中国畜牧兽医学会兽医外科学分会副理事长兼秘书长，农业部执业兽医考试命题专家，国家奶牛产业技术体系成员，中国兽医协会动物医院分级评审专家，黑龙江省兽医协会副会长。

1997—1998 年、2002—2003 年，分别在日本东京大学农学部生命科学科大学院兽医临床病理研究室和兽医外科研究室做访问学者。从事兽医临床诊疗工作近 30 年，擅长猪、马、牛、羊、家禽、特种经济动物及犬猫疾病诊治。主要研究方向为奶牛疾病学、动物麻醉与镇痛、肿瘤分子生物学等。取得的主要科技成果有"鸡马立克氏病发病机理及疫苗防治"获 1992 年度黑龙江省科学技术二等奖（自然类）；"奶牛肢蹄病综合防治措施"获 2002 年度国家教育部科技进步二等奖；"奶牛真菌病发病机理及防治关键技术研究"获 2010 年度黑龙江省政府科技进步三等奖；"奶牛主要传染性疾病防治关键技术研究与产业化开发"获 2011 年度黑龙江省科技进步二等奖。主要代表作有《兽医内镜学》《小动物手术标准图谱》《兽医外科与外科手术学》《宠犬饲养、繁殖、训练与保健大全》《奶牛标准化生产技术》《优质肉牛生产技术》《家畜外科学》《宠物医生手册》《兽医外科手术学临床诊疗技术与图谱》《动物医学英语》《兽医外科手术学》《动物医院临床技术》《兽医手册》《现代兽医麻醉学》《奶牛疾病防控治疗学》《奶牛疾病攻略》《犬病学》《奶牛、鸡疾病智能诊断与防治》等。在国内外核心期刊共发表论文 160 余篇。

作者简介
Author

王春璈，山东农业大学教授，享受国务院政府特殊津贴，人事部有突出贡献的中青年专家。

从事临床兽医学教学、科研与兽医临床至今有50余年，不仅对奶牛疾病具有独特见解和解决实践问题的能力，而且对宠物疾病、特产毛皮动物疾病等具有丰富的临床经验，是国家奶牛疾病防控专家和国家毛皮动物专家。在全国具有极高的知名度和影响力。主持的科研项目获国家发明三等奖1项，省部级二等奖2项，主持出版了《奶牛疾病诊断与治疗》系列教学片、《家畜外科手术学》系列教学片、犬常见病手术教学片和远程网络课程《畜禽疾病防治》视频教材共13张光盘，出版了《奶牛临床疾病治疗学》《奶牛疾病防控治疗学》等13部专著，在畜牧兽医专业的教学和家畜疾病的治疗中发挥了巨大的作用。

退休后继续发挥余热，投身到奶牛疾病防控的第一线，指导国内规模化牧场的兽医管理与奶牛疾病防控工作，培训出一大批牧场管理的骨干队伍，在全国各地的大型牧场中发挥着重要作用。目前，正主持中国农业出版社等单位启动的牛场兽医继续教育视频资源包建设项目，作为牛场兽医继续教育首席专家，组织全国从事牛场兽医管理和奶牛疾病防治专家编写与录制牛场兽医远程网络视频教材。

现代规模化奶牛场 肢蹄病防控学

刘 云 王春璈◎著

中国农业出版社

前言
Preface

改革开放以来，我国奶业生产发生了巨大变化。振兴奶业、强盛民族已经成为全国人民关心的话题。近十几年来，我国从国外引进了大量优质高产奶牛进行优质高产奶牛的推广，各地相继建立了一大批规模化、集约化奶牛养殖场，奶牛养殖数量快速增长。截至 2015 年，我国奶牛存栏数达 1 400 万头。我国用约 30 年时间走完了发达国家百年的奶业发展历程，我国牛奶产量已跃居世界第 3 位。

奶牛集约化饲养方式与传统奶牛散栏式饲养方式有着根本的不同。集约化、规模化奶牛场多为封闭式牛舍，牛的生活轨迹为牛舍—挤奶厅—牛舍，相对于放牧和配有运动场的牛舍，集约化牧场限制了奶牛的运动。同时，集约化、规模化牧场奶牛都是使用高精料日粮饲养，又生活在不见阳光的牛舍内，奶牛极易出现肢蹄问题。我们在对大型产奶量较低的牧场调查时发现，慢性蹄叶炎、变形蹄、蹄底溃疡等蹄病发病率高达 50% 以上，因此，肢蹄病是影响奶牛产奶量的主要因素之一。

肢蹄病、乳腺炎和繁殖障碍性疾病是困扰牧场的三大主要疾病，占总淘汰牛的 80% 以上。跛行是肢蹄病的主要临床表现，不仅仅是蹄病，还有四肢肌肉、关节、韧带、黏液囊、神经、骨组织等其他部位和组织的疾病都可以引起奶牛的跛行。目前我国某些大型牧场的兽医或修蹄人员对奶牛肢蹄病的检查与诊断方法掌握不好，常常把四肢下端骨、关节病当成蹄病上修蹄台进行修蹄，修蹄时没有发现蹄部的异常，也不再进行四肢等其他部位的检查与治疗，导致很多能治好的骨、关节病牛变为慢性增生、变形性关节病牛，最后淘汰。肢蹄病的发生与控制，与牛舍设计、牛床、奶牛营养与饲养管理、奶牛行为及遗传等因素直接相关。奶牛发生肢蹄病可降低奶牛的产奶量，是导致牧场养牛效益下降的直接因素。因此，急需提高牧场管理人员和兽医技术人员对奶牛肢蹄病发生与预防知识的掌握水平，加强肢蹄病的诊断培训与四肢疾病的治疗培训。

鉴于目前我国还没有一部针对于奶牛肢蹄病防控的专著，作者结合多年临床实践，经过大量临床调查，分析总结，精心设计，历时数年临床资料及病例积累，完成本著作，奉献给我国快速发展的奶牛养殖业，希望对提高我国奶牛肢蹄病的诊断与治疗水平、保障奶牛养殖业的健康发展发挥重要作用。

全书共分十章，第一章为牛肢蹄解剖生理学，主要针对骨骼、关节、肌肉、神经、肌腱韧带的生理结构与跛行发生的关系特点等加以论述，为兽医对奶牛跛行诊断提供解剖学基础。第二章从卧床管理、牛舍粪道管理、牛舍地面管理、修蹄管理及感染性病因、营养代谢障碍、遗传性因素等方面阐述规模化牧场奶牛肢蹄病发病原因。第三章为奶牛肢蹄病跛行诊断学。第四～八章为奶牛四肢骨、关节、黏液囊及神经疾病的诊断与治疗。第九章为修蹄与蹄部护理，为本书重点。第十章为蹄病。全书图文并茂，共收集图片400余张，且均为作者亲自操作的临床病例，每张图片配以详细注释。本书可作为各类奶牛场管理工作者、牛场兽医、临床医师、大专院校畜牧兽医专业教师与学生的学习与参考工具书。

由于编写时间仓促，错误与疏漏之处难免，希望广大读者提出宝贵意见。书中修蹄器械部分图片由现代牧业集团邵磊提供，在此表示感谢。

著　者

于 2015 年 8 月 22 日

目 录
Contents

第一章 奶牛肢蹄病的解剖学基础

第一节 奶牛跛行诊断的解剖生理学

一、牛体的重心及运动平衡关系

牛的躯干犹如一个"拱形桥"，分别架坐在前、后肢上（图1-1）。在头部的平衡下，牛体的重心位于躯干的中央偏前，约在剑状软骨部。牛头部的动作在改变重心位置、调整前后肢的负重状态上起重要作用，因此，牛头部姿势正常与否对于牛的跛行诊断具有一定的意义。

图1-1 奶牛的整体结构（侧面观）

站姿评分是判断奶牛后腿站姿的方法，利用评分可以帮助管理人员做好肢蹄病的诊断和预防（图1-2、图1-3）。后腿的站姿主要决定于蹄部外缘和内缘的高度差，以及奶牛选择落脚的方式。奶牛蹄部外倾是为了缓解蹄底疼痛，特别是在湿滑的地面上。

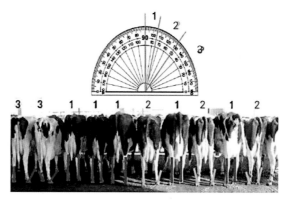

图 1-2 奶牛站姿评分标准

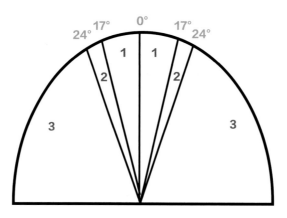

图 1-3 站姿评分计算器

（资料来源：J. van Amerongen）

1分：理想站立姿势，但蹄部仍然有被感染或出血的危险。

2分或3分：如果所占比例较高，就必须检查修蹄技术和修蹄频率，以及其他影响因素。

奶牛行走移动评分：见表1-1。

奶牛肢蹄健康全群评分建议：1分和2分的奶牛至少要占75%，越高越好；3分、4分、5分的奶牛加起来不要超过25%；5分的奶牛不要超过5%。

牛患肢蹄病后，站立时的重心必然偏向健侧。一个肢蹄发病时，病肢免负或减负体重，重心倾向健肢侧；两前肢同时发病，病畜为把重心后移，头颈高抬乃至后仰，后躯下蹲，两后肢伸于腹下；两后肢同时发病，病畜为把重心前移，头颈低下或前伸，两后肢后踏；同侧前后肢同时发病，头颈及整个体躯倾向健肢侧；一旦四个肢蹄同时发病，病畜只能把四个肢集于腹下或张开如木马状。综上所述，按照重心偏移原则，在站立中观察病畜是比较容易发现病肢的。也就是站立检查中观察"姿""负"的基础。

在运步中，抬头动作能减轻前肢着地时的负担和有助于提举，动作的幅度还常常和病变的跛行程度成正比。对于后肢，病肢同侧臀部的高抬有助于提举病肢；病肢着地时，在健肢侧的臀部还未及举到应有的高度情况下，为了减轻病肢的负重和缩短支负时间，健肢快速下落，从而促使健侧肢的臀部低于病肢侧。这就是运步检查中把"点"作为判定病肢的基础，也就是通常概括为"前看头、后看臀、抬在患、低在健"的依据。

表 1-1 中的奶牛行走评分是判定奶牛蹄病轻重的一个重要指标，但必须做与腰部扭伤和子宫炎牛的鉴别诊断，不要把腰部疾病诊断为蹄病。

表 1-1　奶牛行走移动评分

评分等级和描述	站姿	步态
1分：正常 站立、行走姿势正常 脊背平直 四肢受力均匀		
2分：轻度跛行 站立时脊背平直 行走时弓背 步态稍微失常		
3分：中度跛行 站立、行走时均弓背 一条或多条腿步幅变小 产奶量下降5%		
4分：跛行 站立、行走时均弓背 一条或多条腿轻微着地，不能完全受力 产奶量下降17%		
5分：严重跛行 站立、行走时均弓背 某条腿完全不能着地 行走、站立困难 产奶量下降36%		

资料来源：Steven L. Berry，兽医学博士，美国金宝动物营养公司（1997）。

二、四肢的支持结构与跛行的关系

牛通过四肢某些肌肉的持续紧张，把各个关节固定，达到站立目的。由四肢少数肌肉参与这一功能所构成的体系即四肢的支持结构（图1-4）。

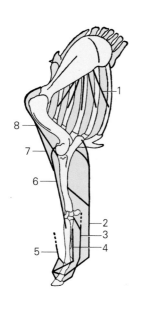
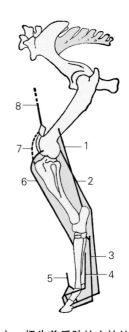

图1-4（a） 奶牛前后肢的支持结构（前肢）

1. 胸下锯肌 2. 指浅屈腱 3. 指深屈腱 4. 悬韧带 5. 指总伸肌腱 6. 腕桡侧伸肌 7. 臂二头肌腱 8. 臂二头肌

图1-4（b） 奶牛前肢的支持结构（后肢）

1. 腓肠肌 2. 趾浅屈腱 3. 趾深屈腱 4. 悬韧带 5. 趾长伸肌腱 6. 第三腓骨肌 7. 髌直韧带 8. 股四头肌

1. 前肢 可分前后两部。

（1）前部 由臂二头肌固定肩关节以防过屈，该肌下部的腱头与腕桡侧伸肌相连，其作用范围就扩大到肘、腕关节。但肘、腕两个关节的前部主要由起自臂骨外上髁、止于掌骨隆起的腕桡侧伸肌所固定。

（2）后部 指部屈肌（包括悬韧带）和籽骨下韧带固定了指部各个关节，由于指部屈肌的起点是在臂骨内上髁、尺骨头，它们的腱及其副腱头分别在腕的上方和下方与桡骨和腕掌韧带相连，故又能从后方固定肘、腕关节。悬韧带在球节上方有分支与指（趾）伸肌腱相连，对防止球节的背屈（过度伸展）起着重要作用。

2. 后肢 髋关节主要由臀中肌和股二头肌固定。膝关节则由股四头肌把髌骨上擎不让下滑，髌骨上的三根膝直韧带又把胫骨拉住，不让膝关节屈曲而固定（股阔筋膜张肌对膝关节伸展和固定也起着重要作用）。跗关节在位于前部的第三腓骨肌及后部的腓肠肌、趾浅屈肌以"紧张的锯样"固定。趾部各关节的固定同前肢指部。

构成上述支持结构的肌肉大都富于腱质，且仅占四肢肌肉中的少部，从而牛只要花很少的能量便可固定关节，保持站立，让更多的肌肉获得休息。多腱质的肌肉又增加了关节的强度和弹性，并把整个肢体构成一个联动系统，使各关节同时屈、伸，这些在牛的生理上都是很有意义的。

如果把前、后肢的支持结构作个比较，固定肩、肘、腕等关节的肌肉较之固定髋、膝、跗等关节的肌肉更富于腱质，这和前肢主要是支柱功能的特点是相一致的（它承担体重的 4/7)。后肢肌肉质较多，久站则易于疲劳，对牛来说，还需卧地休息。

四肢的支持结构既然可视作一个联动系统，那么，牛在运步过程中可出现以下四种情况：

（1）只要一个可动关节不能弯曲，必然导致直腿。例如，桡腕关节发生愈着，该肢即变成直腿行；膝关节髌骨上方脱位后不能下滑，三根膝直韧带把胫骨拉紧，膝关节变直，使后肢变为拖曳样行走，即所谓膝盖骨上移拖腿行；又如股二头肌变位后，该肌被股骨大转子卡住不能前滑而紧张了该肌的跗支，跗关节变直，整个后肢也变成拖腿行。

（2）只要一个关节屈曲，如严重的关节损伤，则必然引起屈腿行。

（3）在支持结构中某一个支持结构功能丧失，除它所控制的关节出现异常的伸或屈以外（如屈腱断裂后球节背曲，蹄尖上翘；跟腱断裂，腓肠肌断裂、跗关节过度屈曲、跗部下沉或着地），该关节以下的各个关节便失去功能。又如股神经麻痹后，股四头肌便失去功能，膝以下各个关节在支负时均出现崩曲。

（4）支持结构中某个结构出现炎症，便出现支跛或支混跛，如屈腱炎、蹄病出现支跛。

综上所述，可清楚地看出支持结构的改变已成为跛行诊断中观察"负""屈伸"的依据。

三、四肢组织结构的特点与跛行的关系

牛的前、后肢骨见图 1-5、图 1-6。

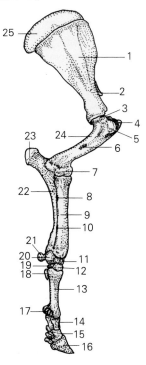

图 1-5（a） 牛的前肢骨（内侧面）

1. 肩胛骨 2. 肩峰 3. 肱骨头 4. 外侧结节 5. 内侧结节 6. 大圆肌粗隆 7. 肱骨髁 8. 近前臂骨间隙 9. 桡骨 10. 远前臂骨间隙 11. 桡腕骨 12. 第2、3腕骨 13. 第3、4掌骨 14. 第3指近指节骨 15. 第3指中指节骨 16. 第3指远指节骨 17. 近籽骨 18. 第5掌骨 19. 第4腕骨 20. 尺腕骨 21. 副腕骨 22. 尺骨 23. 鹰嘴 24. 肱骨 25. 肩胛软骨

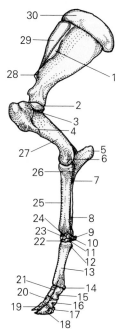

图 1-5（b）　牛的前肢骨（外侧面）

1. 肩胛冈　2. 肱骨头　3. 外侧结节　4. 三角肌粗隆　5. 鹰嘴　6. 肱骨髁　7. 近前臂骨间隙　8. 远前臂骨间隙　9. 副腕骨　10. 尺腕骨　11. 第4腕骨　12. 第5掌骨　13. 第3、4掌骨　14. 近籽骨　15. 第4指近指节骨　16. 第4指中指节骨　17. 远籽骨　18. 第4指远指节骨　19. 第3指远指节骨　20. 第3指中指节骨　21. 第3指近指节骨　22. 第2、3腕骨　23. 桡腕骨　24. 中间腕骨　25. 桡骨　26. 尺骨　27. 肱骨　28. 肩峰　29. 肩胛骨　30. 肩胛软骨

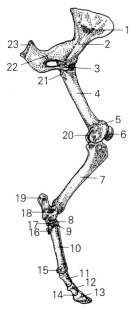

图 1-6（a）　牛的后肢骨（内侧面）

1. 耳状关节面　2. 髂骨　3. 耻骨　4. 股骨　5. 股骨滑车　6. 髌骨　7. 胫骨　8. 中央、第4跗骨　9. 第2、3跗骨　10. 第3、4跖骨　11. 第3趾近趾节骨　12. 第3趾中趾节骨　13. 第3趾远趾节骨　14. 远籽骨　15. 近籽骨　16. 第2跖骨　17. 第1跗骨　18. 距骨　19. 跟骨　20. 股骨内侧髁　21. 小转子　22. 坐骨　23. 坐骨结节

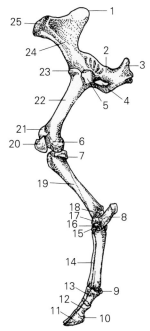

图 1-6（b） 牛的后肢骨（外侧面）

1. 荐结节 2. 坐骨 3. 坐骨结节 4. 闭孔 5. 大转子 6. 股骨髁 7. 腓骨头 8. 跟骨 9. 近籽骨 10. 远籽骨 11. 第4趾远趾节骨 12. 第4趾中趾节骨 13. 第4趾近趾节骨 14. 第3、4跖骨 15. 第2、3跗骨 16. 中央、第4跗骨 17. 距骨 18. 踝骨 19. 胫骨 20. 髌骨 21. 股骨滑车 22. 股骨 23. 股骨头 24. 髂骨 25. 髋结节

　　四肢的器官按其主要功能来分，有两大类。

　　1. 在负重期发挥作用的 如骨、关节、韧带、屈腱和腱鞘、蹄等，它们大部位于腕（跗）关节以下。当这些器官发病后，患肢在着地时必然负重时间缩短，健肢着地加快，表现为敢抬不敢踏，在步态上呈后方短步（支跛）。

　　2. 在提伸期发挥作用的 主要是肌肉，它们均位于腕（跗）关节以上。这些肌肉从结构上划分，位于前肢前臂部和后肢小腿部的肌群，它们肌腹小，腱长而发达。其主要功能是固定关节和把肌肉的收缩力传递到指（趾）部；另一种是位于肘（膝）关节以上的肌群，肌腹短厚，能产生强大的收缩力举扬肢体，拉大关节角度，驱使躯体前进。在运步过程中，当这些器官发病后，病肢必然提不起、迈不远，敢踏不敢抬，在步态上呈前方短步（运跛）。

　　牛的前、后肢肌肉见图 1-7 至图 1-10。

　　上述四肢器官分布上的特点和功能上的差别，就是鉴定跛行种类、区分病变部位在腕（跗）以上或以下的基础，也就是一般所说的"敢抬不敢踏，病痛在腕（跗）下；敢踏不敢抬，病痛在腕（跗）上"依据。

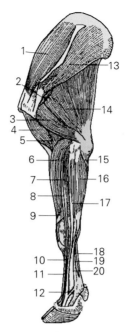

图1-7　牛左前肢外侧肌

1. 冈上肌　2. 小圆肌　3. 臂三头肌外侧头　4. 臂二头肌　5. 臂肌　6. 腕桡侧伸肌　7. 指总伸肌　8. 指内侧伸肌　9. 腕斜伸肌　10. 指内侧伸肌腱　11. 指总伸肌腱　12. 骨间肌的分支　13. 冈下肌　14. 臂三头肌长头　15. 指深屈肌尺骨头　16. 腕尺侧伸肌　17. 指外侧伸肌　18. 指浅屈肌腱　19. 指深屈肌腱　20. 指总伸肌腱　21. 骨间肌

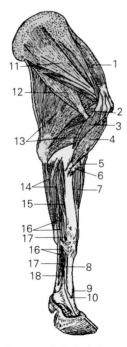

图1-8　牛左前肢内侧肌

1. 冈上肌　2. 臂肌　3. 喙臂肌　4. 臂二头肌　5. 臂二头肌纤维索　6. 臂肌　7. 腕桡侧伸肌　8. 骨间肌　9. 指内侧伸肌腱　10. 骨间肌及其分支　11. 肩胛下肌　12. 大圆肌　13. 臂三头肌　14. 腕尺侧屈肌　15. 腕桡侧屈肌　16. 指浅屈肌腱　17. 指深屈肌腱　18. 骨间肌及其分支

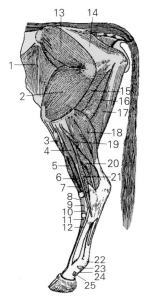

图1-9　牛左后肢外侧肌（阔筋膜张肌和股二头肌已切去）

1. 腹内斜肌　2. 股外侧肌　3. 胫前肌　4. 腓骨长肌　5. 腓骨第3肌　6. 趾内侧伸肌　7. 趾长伸肌　8. 腓骨第3肌腱　9. 趾内侧伸肌腱　10. 趾长伸肌腱　11. 趾短伸肌　12. 趾外侧伸肌腱　13. 臀中肌　14. 荐结节阔韧带　15. 内收肌　16. 半膜肌　17. 半腱肌　18. 腓肠肌　19. 比目鱼肌　20. 趾深屈肌　21. 趾外侧伸肌　22. 系关节掌侧环韧带　23. 趾浅屈肌腱　24. 趾近侧环韧带　25. 趾深屈肌腱

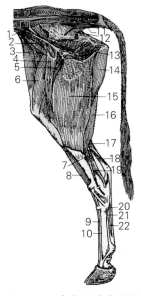

图1-10　牛右后肢内侧肌

1. 腰小肌　2. 髂腰肌　3. 阔筋膜张肌　4. 缝匠肌　5. 耻骨肌　6. 股直肌　7. 趾长屈肌　8. 腓骨第3肌　9. 趾内侧伸肌腱　10. 趾长伸肌腱　11. 荐尾腹侧肌　12. 尾骨肌　13. 闭孔内肌　14. 半膜肌　15. 股薄肌　16. 半腱肌　17. 腓肠肌　18. 趾浅屈肌　19. 趾深屈肌　20. 趾浅屈肌腱　21. 骨间肌　22. 趾深屈肌腱

四、四肢的弹性结构与跛行的关系

四肢在支柱期的前踏阶段，肢体受到来自地面的反冲力是很大的，当肢移到与体躯垂直时，肢体便依次出现两蹄开张、球节下沉、肩（膝）关节屈曲等富有弹性的动作，以缓冲来自地面强烈的震荡。上述的活动部位就是四肢的三个弹性结构（图1-11）。

前肢：下部（远侧端）由两蹄、蹄侧面的软骨和蹄壳角质等良好的开闭机能组成；中部为球节，由指骨、籽骨和指屈腱（包括悬韧带）、籽骨下韧带等组成；上部（近侧端）则由肢体与躯干连接的锯肌、肩胛骨、肩关节和臂二头肌等组成。

后肢：中、下部的弹性结构和前肢相同，上部则由膝关节（包括半月状软骨板）及其止于膝盖骨的股四头肌与膝盖骨的三根膝直韧带构成。

上述弹性结构在运步过程中有下述三个特点：

（1）它主要在支柱期发挥作用，尤其在负重过程中为甚。

（2）按照力学上合、分力之间的平行四边形定则，无论是身体的重力或来自地面的反冲力都很快自下而上地在各关节角部迅速消散，其中尤以球、肩（膝）两个关节为最显著（图1-12）。

（3）具有良好弹性结构的关节都有坚强的肌腱或丰厚的肌肉（如股四头肌等），用强大的拉力和坚强的弹力防止过屈。

弹性结构发生变化主要是在肢体处于最大负担时，因而也就是跛行诊断中观察"负"力字的基础。例如，发生"蓦地点脚""虚行下地""垂蹄点"等时，病变都集中在下部两个弹性结构上，呈支跛。上部的肩、膝关节的弹性结构，由于富于肌质或全部均是肌质，故呈支混跛。

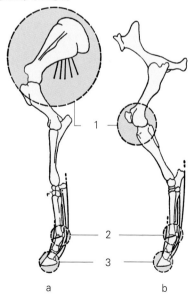

图1-11　前后肢的三个弹性结构

a.前肢　b.后肢

1.近侧端　2.中部　3.远侧端

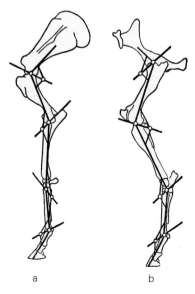

图1-12　重力和反冲力在各关节分散情况

a.前肢　b.后肢

五、四肢的关节类型和韧带与跛行的关系

四肢的关节结构大致有两种类型。

1. **多轴关节（肩、髋关节）**　由一个很大的圆形关节头和一个较小、浅的关节窝构成，能做多轴性活动，关节外围几乎没有韧带，主要靠肌肉固定（图1-13、图1-14）。

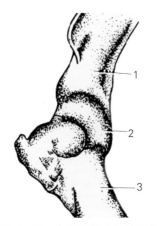

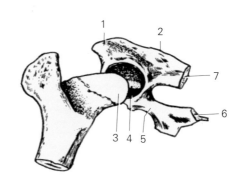

图1-13　牛肩关节（多轴关节）

1. 肩胛骨　2. 关节囊　3. 臂骨

图1-14　牛髋关节（外侧面）

1. 坐骨棘　2. 髂骨体　3. 髂骨韧带　4. 大转子
5. 股骨　6. 闭孔　7. 坐骨结节

2. **单轴关节**　由一个凸出半圆柱形（或椭圆形）的关节头和相应的窝构成，仅能作伸、屈运动[如肘（图1-15）、腕（图1-16）、膝、跗、系、冠、蹄、指（图1-17）等关节]。关节外围的韧带自肘（膝）关节向下，逐个增多并发达，且还有一些肌腱也参与关节的加固。这种结构特点使肢的上部关节有一定的灵活性，使之可做伸屈和小范围的内收、外展等动作，但其抗伤能力较差。下部关节虽然抗伤能力强，但活动范围受到限制，仅能做伸屈活动。

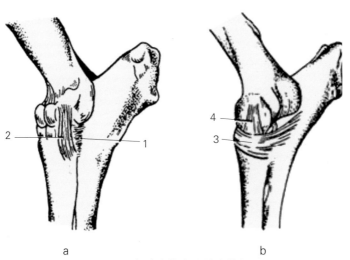

a   b

图1-15　牛肘关节（单轴关节）

a. 外侧观　b. 内侧观
1. 骨间韧带　2. 内侧副韧带　3. 骨间韧带　4. 外侧副韧带

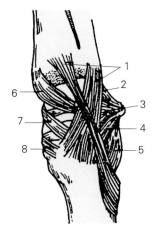

图 1-16　牛腕关节（外侧观）（单轴关节）

1. 深浅腕外侧副韧带　2. 副腕骨尺骨韧带　3. 副尺腕骨韧带　4. 副腕骨与第4腕骨韧带　5. 副腕骨与第4掌骨韧带　6. 腕桡背侧韧带　7. 腕间背侧韧带　8. 腕掌背侧韧带

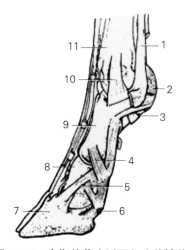

图 1-17　牛指关节（侧面）（单轴关节）

1. 悬韧带　2. 近籽骨　3. 近籽骨交叉韧带　4. 近指节间关节侧副韧带　5. 远指节间关节侧副韧带　6. 远籽骨　7. 远指节骨　8. 中指节骨　9. 近指节骨　10. 近指节间关节侧副韧带　11. 掌骨

关节发病后在跛行诊断上的三种情况。

（1）站立时出现内收、外展姿势，运步中出现划弧现象，其发病部位大都在肩（髋）两个关节。

（2）站立时出现病肢前伸、后踏等表现，常为下部各关节、韧带和腱的疾病。

（3）脱位在肩、髋两个关节容易发生，其余各关节则常发挫伤，尤以球节为多见。

六、四肢神经损伤后的跛行特点

四肢的神经功能有三种。①运动：站立时支配四肢的支持结构固定关节；运步时促使肌肉收缩，提举和伸扬肢体。②感觉：对触、热、冷等刺激产生反应，对体位感觉借以平衡体躯。③调节四肢各器官的营养功能。

牛的前、后肢神经见图 1-18、图 1-19；牛后肢动脉见图 1-20。

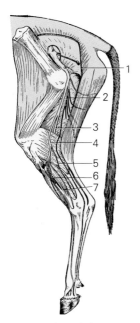

图 1-18　牛后肢神经（外侧面）

1. 坐骨神经　2. 肌支　3. 胫神经　4. 腓神经
5. 小腿外侧皮神经　6. 腓浅神经　7. 腓深神经

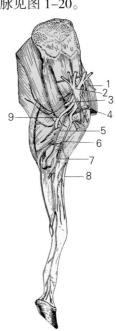

图 1-19　牛前肢神经（内侧面）

1. 肩胛上神经　2. 臂神经丛　3. 腋神经　4. 腋动脉　5. 尺神经　6. 肌皮神经和正中神经总干　7. 正中神经　8. 肌皮神经的皮支　9. 桡神经

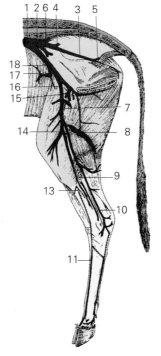

图 1-20　牛后肢动脉

1. 腹主动脉　2. 髂内动脉　3. 阴部内动脉　4. 臀前动脉　5. 臀后动脉　6. 脐动脉　7. 股动脉　8. 股后动脉　9. 腘动脉　10. 胫后动脉　11. 足底内侧动脉　12. 跖背侧动脉　13. 胫前动脉　14. 隐动脉　15. 阴部腹壁动脉干　16. 股深动脉　17. 旋髂深动脉　18. 髂外动脉

当四肢的某一神经损伤后，关节失去肌肉的固定，在站立和运步的支柱期发生突发性屈曲（常称关节崩曲）或过度挺出；在悬垂期中发生提、伸无力或不可能。四肢的某一支神经对肌肉的控制常是局部性的，当其损伤后，它所控制的这部分肌肉松弛，失去屈、伸功能，而其颉颃肌群则处于相对的紧张状态，从而使病肢在站立或运步中失去平衡和协调，如能屈不能伸或相反的动作。这种关节崩曲或过度挺出、某部肌群的松弛或过度紧张，以及由于其支配的器官、营养功能扰乱而发生的感觉迟钝和消失、肌肉萎缩等，也是诊断中观察"负"和局部检查的基础。

七、腰部的病变与后肢跛行的关系

后肢架住躯"拱形桥"的后端，起着支撑躯干并推动躯干前进的作用。由于后肢的某些肌系是和躯干的肌系相连的（尤其是背最长肌和后肢的某些肌肉衔接更紧），它与臀肌和其筋膜、股二头肌等构成一个支持结构。

腰部支持结构的疾病，必然影响后肢的运步，如腰部风湿和腰肌损伤，使后肢提举、后蹬困难，造成步履拘束、起卧困难。

八、肩关节的结构特点与某些肩跛行的关系

肩关节由臂骨头和肩胛骨的关节窝构成，以一宽大的关节囊连接，关节周围虽无韧带，但有冈上肌的两根止点腱分别附着在臂骨外侧大结节的前部和内侧小结节的前部；由冈下肌的止点腱附着在大结节的后部及其前下部；由肩胛下肌的止点腱附着在小结节的后部。这样，既能充分固定关节、替代韧带的功能，使肩关节富于弹性和制动性，又不失其应有的灵活性。一旦这一结构被破坏，病肢自然出现支混跛和划弧运动等为基本特点的肩跛行，例如肩胛上神经麻痹后，冈上、冈下肌失去功能，致使整个肩关节偏离胸壁，尤在病肢负重时更明显。

牛在运步中，肩胛骨大致是以肩胛冈结节为中心的往返摆动，在支柱期躯体前进时，肩胛软骨上缘向前移动，提举时反之，从而出现通常所谓的"膊尖翻动力的动作"。当前肢发生肩跛行时，最容易损伤肩关节囊内壁和肩关节内侧的软组织，造成关节外部张力完整、内部松弛，从而出现肩胛骨紧贴于胸壁，臂骨的大结节外突。运步时出现向外划弧，"膊尖不翻力、支混跛"。如进一步损及肩胛骨的关节窝外缘时，这种表现更明显。

九、髋关节的结构特点与某些髋跛行的关系

髋关节由髋臼窝和股骨头构成，关节除由关节囊连接外，尚有圆韧带把股骨头和髋臼直接连接。关节主要由位于关节前方的股四头肌直头，内侧的股方肌、内收肌、耻骨肌，外侧的臀肌等固定。

当发生关节摖伤时，首先是肌肉的剧伸，破坏了关节内、外侧张力的均衡状态，运步中便出现划弧运动。由于这些肌肉尚有提举功能，因而病肢常常出现拖曳前进，呈支

混跛。一旦发生全脱臼等严重损伤，除圆韧带断裂外，上述支持结构功能丧失，关节无法固定，这就是整复后固定难的原因。

第二节　牛蹄解剖结构

牛蹄是奶牛重要的支柱器官。由于蹄具有坚实的角质蹄壳，因此具有保护知觉部和支持体重的功能。奶牛肢蹄的健康，是奶牛高产的前提和保证。

一、牛蹄的解剖生理

牛蹄是由指（趾）部的骨、关节、肌腱、血管、神经，以及皮肤衍变而成的蹄壳共同组成的。每个蹄均有四个蹄爪（其中两个主蹄、两个悬蹄），着地的主蹄内侧为第Ⅲ指（趾）；外侧为第Ⅳ指（趾）；悬蹄（小蹄）相当于第Ⅱ、第Ⅴ指（趾），前者在内侧，后者在外侧，均位于后上方。蹄的构造复杂，在蹄的内部具有骨（蹄骨、舟骨和部分冠骨），关节（蹄关节），肌腱（指趾伸肌和指趾屈肌的腱），血管[指（趾）动脉、指（趾）静脉]，神经[指掌（跖）侧神经]等，蹄的外部是由皮肤角质化而形成的蹄壳（表皮）和内蹄（真皮及皮下层）。牛蹄结构见图1-21至图1-23。

蹄缘是分隔蹄壁和皮肤的软角质的冠状无毛带。它从一指（趾）延续到另一指（趾）。与蹄踵的球状部融合形成柔软平滑的、只有好蹄才能看到的釉层。它的主要作用是防止蹄角质脱水。它会随着年龄增长而退化，在炎热、干燥多风的环境下可转归为纵向蹄裂。

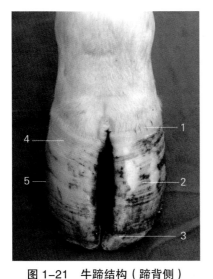

图1-21　牛蹄结构（蹄背侧）

1.蹄缘　2.蹄壁　3.蹄尖　4.蹄冠　5.蹄的远轴侧

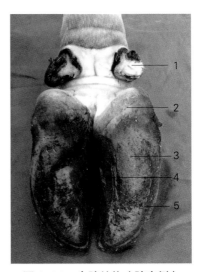

图1-22　牛蹄结构（蹄底侧）

1.悬蹄　2.蹄球　3.蹄底　4.蹄的近轴侧　5.蹄白线

图 1-23　牛蹄结构（部分蹄匣已除去）

1.蹄缘　2.蹄冠　3.蹄壁　4.肉缘　5.肉冠　6.肉小叶

蹄壁是由管状带下的真皮乳头层生成的，以每月 5~8mm 的速度生长，逐渐漫过真皮层。因为蹄前壁较长，从管状带到蹄尖大约 75mm，所以新的蹄角质覆盖到蹄尖需要 8~12 个月的时间。

蹄底角质由蹄底的真皮乳头层生成，因此也包含有角质小管和小管间角质，蹄底厚度在 10~15mm 不等，所以蹄底角质需要生长 2~3 个月才能形成。

白线是蹄壁与蹄底的接合处，由蹄踵起源，沿远轴壁至蹄尖，近尾端沿轴壁，然后沿蹄轴背面止于指（趾）间裂隙。白线包括角质小叶细胞层和交错角质细胞，它们均由蹄尖附近的真皮生成，即在蹄壁真皮层与蹄尖真皮乳头层连接处。由于没有角质小管，通常认为白线角质不够成熟，比蹄壁和蹄底脆弱。

蹄踵，也称蹄球状部，是蹄缘的延续。它有从蹄踵朝向蹄底方向的向腹面倾斜的蹄小管，蹄踵角质柔软，能随运动伸展和收缩，而且它与指（趾）枕相连，起减震器和血管泵的双重作用，能预防静脉瘀血。如果小牛长时间保持静止或站立，会使真皮缺氧导致角质生长不良。真皮层含有神经和血管（有营养物质），可提供营养给蹄角质、骨及内部相关结构。动静脉吻合支从蹄尖穿过，当蹄负重时，它能使血液绕过毛细血管，因为如果吻合支开放的时间过长，会导致蹄叶炎、缺氧症及随后形成不良角质，真皮层结构可变，以适应蹄不同部位。蹄冠部覆着一圈比较柔软的角质称为蹄缘，它是皮肤和坚硬蹄壳之间的移行部分，有减轻蹄壳对皮肤压迫的作用。蹄壁的内面有许多纵行的小叶片称为蹄叶，蹄底后方形成蹄球，角质也较柔软，并且与蹄壁上缘柔软的角质相连续。牛的蹄底是平的，不像马那样有蹄叉，蹄底无血管与神经，其营养来自肉蹄。肉蹄是在蹄壳内由真皮形成的，也分为肉壁、肉底和肉球。肉壁的表面也形成许多纵行的小叶片，它们与蹄壁的小叶互相嵌合，使蹄壳与肉蹄紧密连接不易脱落；在肉球里则有发达的皮下层，富有弹性组织和脂肪，形成一个弹簧垫，垫于屈腱下，常称为"指枕"，在着地时有缓冲作用，防止地面来的冲击。

表皮的深层（又称蹄囊）与真皮层相互交叉，形成一个与真皮牢固结合起保护作用的结构，但允许角质壁自由活动，类似于运动时的减震器。

■ 二、牛蹄骨关节组成及站立时蹄部受力情况

牛蹄骨关节组成及站立时蹄部受力情况见图 1–24 至图 1–27。

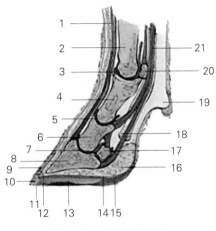

图 1–24　牛蹄纵切面

1. 指伸肌腱　2. 掌骨　3. 系关节　4. 系骨　5. 冠关节　6. 冠骨　7. 蹄关节　8. 蹄骨　9. 蹄壁　10. 蹄尖　11. 蹄口线　12. 蹄角　13. 蹄底　14. 真皮　15. 蹄球　16. 指垫　17. 远籽骨　18. 腱鞘　19. 悬蹄　20. 近籽骨　21. 指屈肌腱

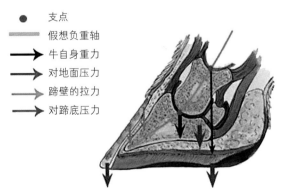

● 支点

▬▬ 假想负重轴

➡ 牛自身重力

➡ 对地面压力

➡ 蹄壁的拉力

➡ 对蹄底压力

图 1–25　牛站立时蹄部受力点

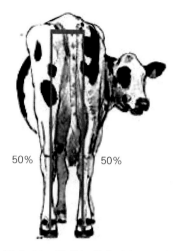

图 1-26 姿势正常牛蹄部受力点

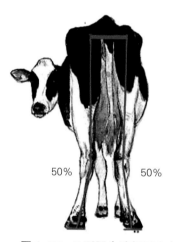

图 1-27 X形腿牛蹄部受力点

三、蹄的血管和神经

蹄部的血管特别发达，供应大量的血液，保证着蹄组织的正常发育和生长。蹄部血管由指（趾）内、外动脉及其分支供应。神经由掌（跖）内、外神经所支配。

四、蹄的开闭机能（蹄机）

在肢蹄负重时，蹄后半部稍向外开张，不负重时又恢复原状，这就是蹄的开闭机能。这种作用减少了肢蹄部受地面的冲击和震荡，增加血液循环，并为蹄角质增生创造了条件。

蹄部组织除骨骼外都稍有弹性，而以指（趾）枕和蹄软骨的弹性较强，能使蹄的开闭机能正常发挥，但蹄仅在形态正常并与地面接触时才能发挥其正常功能，否则会引起蹄变形。蹄的开闭机能又能促进蹄组织的发育和生长。结构与机能这种互相联结、互相依赖的关系，保证了蹄的固有能力。但当蹄壳过干、过湿，运动不足，一侧蹄壁和蹄底的过削，都有可能造成蹄踵狭窄、偏蹄、裂蹄和蹄底腐烂，妨碍蹄的开闭机能，影响蹄的功能。因此，在蹄病防治过程中，应尽量排除不利于蹄机的各种因素，促进蹄开闭机能的正常活动。

五、蹄角质的生长和更新

蹄部真皮层不断地生长新角质，旧角质不断地向下方推移和被磨灭（图 1-28）。蹄角质生长的速度受各种因素的影响，平均每月生长约 8 毫米。当护蹄工作做得较好时，蹄部机能正常，蹄角质生长较快而坚韧；运动不足时，则蹄开闭作用就不充分，蹄角质生长较慢，而且质量亦较差。蹄壁表面横走的隆起称为蹄轮，可显示角质生长的正常情况，若蹄轮之间的沟浅而间隔均匀，则表示角质生长正常；如沟深且间隙距离不等，则表示角质生长不正常。如果牛营养不良如瘤胃慢性中毒，则蹄角质生长不正常且表现于四蹄；如因蹄病而生长特异蹄轮，则仅局限于一或两蹄，或者为蹄的某一局部。

所谓蹄角质的更新期，就是新角质向下生长达到蹄底缘，将原蹄壁的旧角质代替所需的时期。由于角质蹄壁各部长短不同，更新期也不一致，如蹄尖壁 8~12 个月、蹄侧壁 5~8 个月、蹄踵壁 3~5 个月、蹄底一般为 2~3 个月。

图 1-28　蹄角质更新

第二章 奶牛肢蹄病的发病原因

肢蹄病是规模化牧场奶牛的常发病，发病原因很多，有管理性因素，如卧床管理、牛舍粪道管理、牛舍地面管理、修蹄管理；感染性病因；营养代谢性问题及遗传性因素等。

第一节 卧床管理与肢蹄病

卧床是奶牛休息的重要场所，卧床结构不好、垫料不足、不能保持良好的舒适度等，都会导致肢蹄病的发病率上升。

一、卧床管理与肢蹄病

（一）卧床结构

从坎墙到挡胸板（管）之间的距离一般为 1.8m，卧床的总长度为 2.75m。颈轨到卧床后缘的对角线距离为 2.15m，高度为 1.27m，卧床宽度为 1.22m（图 2-1）。卧床过长，奶牛容易向前躺卧，奶牛的粪尿排在卧床后端，卧床受到污染、奶牛乳腺与后躯受粪尿浸湿，容易引起乳腺炎；若卧床长度达不到 1.8m，奶牛在卧床上躺卧不下，常常一个后肢伸在卧床坎墙的后方，坎墙对后肢的摩擦，容易引起后肢跗关节滑膜囊的慢性炎症（图 2-2 至图 2-4）。

图 2-1　奶牛卧床结构

图 2-2　卧床太短，奶牛右后肢在卧床外

图 2-3　卧床太短，奶牛左后肢在卧床外

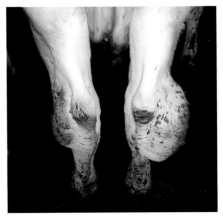

图 2-4　长期受坚硬的坎墙的摩擦，引起跗关节慢性滑膜囊炎

（二）卧床铺垫

大型牧场奶牛卧床有铺垫垫料卧床和橡胶垫卧床。卧床垫料有沼渣、沙子、锯末、稻壳等。垫料厚度要在 10cm 以上，垫料要与卧床后面的坎墙等高。奶牛卧床要有很好的舒适度，要保持松软、平整、干燥、卫生。舒适度好的卧床，可使奶牛的上床率达 100%（图 2-5），使奶牛得到充分的休息，产奶量得到提升。

图 2-5　奶牛上床率达 100%

沼渣是粪尿经发酵后固液分离后的产物，经固液分离后的沼渣含水量一般为 65% ～ 75%。湿度太大的沼渣不能用于卧床的铺垫，需要进一步晾晒，经晾晒使沼渣含水量降到 50% 以下后，即可用于铺垫卧床（图 2-6）。沼渣铺垫卧床不仅解决了粪污处理问题，而且又节省了一大批购买铺垫卧床垫料的沙子、锯末、稻壳等的经费开支，是值得推广的一项技术成果。

图 2-6　固液分离后的沼渣

对卧床进行平整是保证卧床具有良好舒适度的根本措施。卧床平整分为人力平整和机械平整。人力平整卧床效率较低；规模化大型牧场采用扒沙机平整卧床，效率较高。扒沙机是大型牧场必备的设备。牛舍内的奶牛进入挤奶厅挤奶时，是平整卧床的时间（图2-7 至图2-9），平整卧床的次数是每天至少 1 次，做得好的牧场是每天 2 次。

图 2-7　干燥、疏松、平整过的卧床

图 2-8　人工平整卧床

图 2-9　平整卧床的扒沙车

卧床垫料太少是导致奶牛肢蹄病发病率高的原因之一。卧床垫料低于卧床后面的坎墙高度时，奶牛上卧床躺卧后，后肢跟骨头位于坎墙内侧，奶牛后肢的跟骨头常常受到坎墙的碰撞与摩擦，跟骨头常常发生创伤，由于处理不及时，常常引起跟骨头、跟腱组织与跗关节的感染、化脓（图2-10至图2-12）。

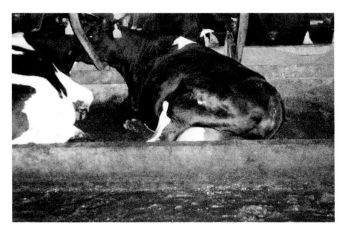

图 2-10　卧床垫料太少

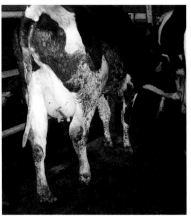

图 2-11　跟骨头皮肤发生创伤、出血

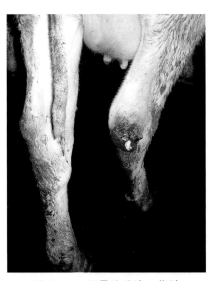

图 2-12　跟骨头感染、化脓

橡胶垫卧床能保持卧床的平整，减少向卧床添加垫料和平整垫料的操作。橡胶垫的厚度要在4.0cm以上，要富有弹性、柔软、抗老化等。然而，一些大型牧场在使用橡胶垫铺垫卧床过程中发现橡胶垫卧床也存在许多缺点：由于橡胶垫不具有吸水性，一旦尿和粪排在卧床上，可导致牛的乳腺和后躯的严重污染，因而每天也需要清理粪尿；橡胶垫容易老化变硬，老化的、变硬的橡胶垫失去弹性（图2-13），奶牛躺卧在老化的橡胶垫上，四肢关节隆起部受到摩擦而引起关节的慢性炎症，最常见的是两后肢跗关节的慢性滑膜囊炎（图2-14）。

图 2-13 老化的橡胶垫卧床

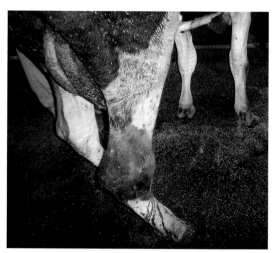

图 2-14 受老化橡胶垫的摩擦而引起的跗关节慢性滑膜囊炎

有些牧场在卧床的橡胶垫上面又撒上一薄层锯末或稻壳粉，以缓解橡胶垫对四肢的摩擦，但在牛起卧时锯末或稻壳粉很快滑落到粪道上，效果不好。

（三）卧床挡胸板

卧床挡胸板设置不当是引起奶牛前肢腕关节、球关节挫伤与扭伤的主要原因。

挡胸板是限制奶牛向卧床前端躺卧的挡板，宽度一般为 12cm 左右，与卧床地面之间不能留有空隙，不能有棱角。卧床垫料应将挡胸板覆盖，以减少挡胸板对奶牛前肢腕关节和前肢球节的碰撞和摩擦。如果垫料没有将挡胸板覆盖，特别是挡胸板装置过高，与卧床地面之间出现较大的空隙后，奶牛的前肢蹄部和掌部容易伸入挡胸板下方，或前肢跨越挡胸板上方伸向前方。在奶牛起立时，前肢不能收回而导致前肢球节的扭伤、挫伤，严重的可引起掌骨、指骨的骨折（图 2-15、图 2-16）。

图 2-15 卧床挡胸板垫料太少，奶牛一前肢伸到挡胸板前方

图 2-16 卧床挡胸板垫料太少，奶牛右前肢伸于前挡板前方

为了减少挡胸板对奶牛前肢的损伤，可将挡胸板改用圆塑料管制成，同时用垫料将其覆盖，可大大减少前肢关节扭伤、挫伤及骨折的发生率（图2-17）。

图2-17　配具有圆塑料管挡胸管卧床

第二节　粪道管理与肢蹄病

奶牛粪尿全部排在粪道上，如果对粪道上的粪尿清理次数太少，粪道上积存粪尿，奶牛的蹄部就会浸泡在粪尿中（图2-18）。

牛蹄壳吸收水分后可变软，当粪道地面或赶牛通道的地面不平，地面上有裸露的石子或尖锐物体时，蹄底很容易发生挫伤，引起蹄底真皮的出血；严重的还发生引起蹄底刺伤，引起蹄底真皮的感染化脓。另外，粪道上长期积存粪尿，粪尿分解产生氨气，奶牛的蹄壳对粪道产生的氨十分敏感，蹄壳在氨的作用下很容易分解，使蹄壳角质变软、坏死、腐烂，在蹄底或蹄壁出现空洞（图2-19、图2-20），又称蹄角质糜烂。

图2-18　粪道积存粪尿，牛蹄浸泡在粪尿中

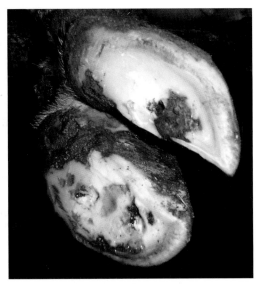

图2-19　蹄底角质腐烂

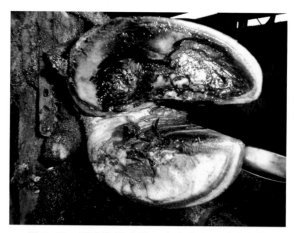

图 2-20　蹄底角质腐烂，真皮感染，形成肉芽

　　粪道地面要有防滑沟（槽），防滑沟（槽）太浅或距离太宽均起不到防滑作用。地面太滑，奶牛容易滑倒，奶牛滑倒后引起的四肢及腰部的损伤易导致奶牛起立困难或不能起立，从而导致淘汰牛的数量较多。牧场牛舍的粪道必须建结构合理的防滑沟（槽）。粪道地面防滑沟太浅或太宽的，有必要对粪道地面防滑沟（槽）进行重建。

　　粪道粪污的清理设施引起的肢蹄病：牛舍粪道清理最常使用刮粪板，如果牵引刮粪板的钢丝绳的部分钢丝断裂了，奶牛的蹄底踩在钢丝绳部分钢丝的断头上，钢丝断头穿刺蹄底，则引起蹄底真皮的感染。也有的因牛蹄踩在钢丝绳上，在钢丝绳移动的过程中，奶牛蹄底被钢丝绳磨薄或穿透而引起蹄底的感染（图 2-21）。还有的牛蹄系部卡在刮粪板小弯头与颈枷底座的墙壁之间，引起系部的挫伤或骨折。

图 2-21　刮粪板钢丝绳引起蹄底的损伤

（引自《奶牛疾病防控治疗学》）

第三节　营养代谢紊乱与肢蹄病

　　高精料日粮饲养下的奶牛，因过食精料引起的代谢障碍性疾病与日俱增，主要表现为瘤胃慢性酸中毒，由此引起的奶牛的蹄病发病率升高。有些牧场将泌乳牛的剩料喂青

年牛，导致青年牛的跛行发病率升高；还有一些牧场的泌乳牛四肢下端皮肤及蹄冠发红，蹄冠及蹄球肿胀，有的出现蹄变形等症状，这些都是慢性瘤胃酸中毒的表现（图 2-22、图 2-23）。对泌乳牛进行瘤胃穿刺，采取瘤胃液测定瘤胃液的 pH，如果瘤胃液 pH 在 5.5 以下的占有较大的比率，则说明奶牛的蹄病与奶牛的营养代谢障碍有密切关系，不调整饲料配方，奶牛的蹄病发病率就不能降下来。

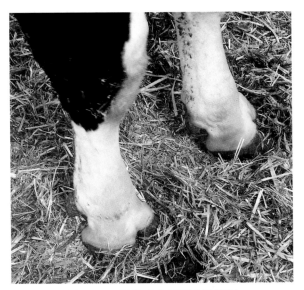

图 2-22　奶牛球节以下皮肤潮红

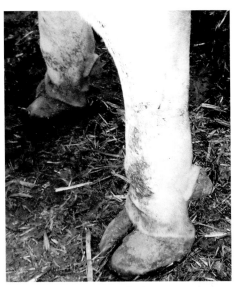

图 2-23　奶牛蹄冠充血

新生犊牛的关节屈曲、出生后几个小时还不能起立，是先天性维生素 D 缺乏症的表现（图 2-24）。

哺乳犊牛舔食卧床地面上的泥土，有的吃卧床上的垫草（图 2-25），导致犊牛腹泻或死亡，这也是营养代谢性疾病引起的。

图 2-24　新生犊牛关节屈曲

图 2-25　哺乳犊牛甜食卧床垫料

第四节　肢蹄病的感染性因素

肢蹄病有的是蹄部发生创伤后继发细菌的感染，这种蹄病称为感染性蹄病，如蹄底透创感染后引起的蹄底真皮的化脓；有的是传染性蹄病，最多见的是蹄疣病，一般青年牛先发病，当怀孕的青年牛分娩后进入泌乳牛群，将蹄疣病原菌带入泌乳牛舍，引起泌乳牛的蹄疣病的蔓延（图2-26）。

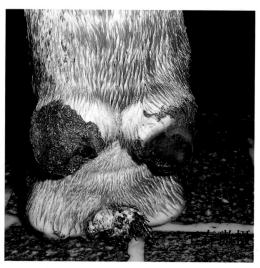

图 2-26　奶牛蹄疣病

犊牛的关节炎是犊牛的常见病，有传染性、营养代谢性和外伤性关节炎。犊牛传染性关节炎有支原体性关节炎、沙门氏菌性关节炎、链球菌性关节炎、大肠杆菌性关节及巴氏杆菌性关节炎（图2-27）。引起犊牛传染性关节炎的病原菌常存在于未消毒的初乳或消毒不彻底的常乳中。

图 2-27　犊牛链球菌性关节炎

第五节　肢蹄病的遗传性因素

蹄病的遗传性已越来越被人们所重视。品种不同，蹄病易感性各异。研究表明，荷兰黑白花奶牛蹄病发病最多，红白花奶牛次之，美国、加拿大黑白花奶牛发病最少。

有的蹄病如指（趾）间增殖、螺旋状变形蹄及蹄叶炎有遗传性。牛的螺旋状变形蹄，牛蹄尖部异常生长，呈螺旋状往上长，这种称为螺旋状趾。螺旋状趾具有遗传性。指（趾）间增殖是二指（趾）间长了一个增殖物，位于指（趾）间中央，这种蹄病有明显的遗传性；两后肢外侧趾都发生变形者，也具有遗传性。

牛蹄壳的颜色不尽相同，大多呈黑褐色。蹄壳的颜色不同，其坚硬程度也不一样。巧克力色的蹄壳，含有红色素，是最坚硬的一种；黑颜色的蹄壳含有黑色素，也是比较坚硬的一种；蜡黄颜色的蹄壳不含色素，是硬度较差的一种，蹄病的发病率较高。蹄壳的颜色也具有遗传性。

大型牧场应当把奶牛的育种放到重要地位。育种人员应将奶牛肢蹄结构纳入育种选择指标。在生产实践中，奶牛场可通过淘汰有明显肢蹄缺陷，特别是淘汰那些蹄变形严重、经常发生跛行的奶牛及其后代来改善牛群的肢蹄状况。

第三章　奶牛肢蹄病的诊断

牛的跛行诊断直到目前在高校兽医专业的教学中仍然很少受到重视，在大型规模化牧场的生产中修蹄工作虽然已经被列为管理规程，但很多牧场对常规性修蹄没能真正执行，对各种蹄病的治疗性修蹄还处在初级阶段，蹄病的治愈率较低，对蹄以外的四肢疾病引起的跛行的诊断与治疗水平更差。由于跛行可使产奶量下降，饲料报酬降低，以及使有价值的牛过早被淘汰，因此肢蹄病可造成巨大的经济损失。为了控制奶牛跛行，对诊断问题应该给予足够的重视。

奶牛肢蹄病是四肢和蹄的所有疾病的总称，包括四肢的关节、肌肉、筋腱、腱鞘、韧带、骨、黏液囊、神经等的疾病，以及蹄的各种疾病。规模化大型牧场奶牛四肢疾病与蹄病的比例各地报道不一，有人报道蹄病引起的跛行可占跛行的80%，因而在牧场管理中把修蹄与蹄病治疗作为牧场兽医的经常性工作。正因为如此，牧场兽医将对奶牛跛行的诊断放在了蹄部，不会运用跛行诊断方法对除蹄病以外的四肢疾病进行诊断与治疗，导致许多关节疾病、韧带疾病、黏液囊及神经组织等疾病没有得到及时有效的治疗而变为慢性病，使有价值的牛过早被淘汰，造成巨大的经济损失。为此，加强奶牛跛行诊断的培训与提高势在必行。

第一节　奶牛的正常步态与跛行种类

一、正常步态

奶牛正常运步时，一般后肢的蹄印正好落在同侧前肢的蹄印上。蹄从离开地面到重新到达地面，为该肢所走的一步，这一步被对侧肢的蹄印分为前后两半，前一半为各关节按顺序伸展在地面所走的距离，后一半为各关节按顺序屈曲在地面所走的距离。健康牛一步的前一半和后一半基本是相等的，而在运步有障碍时，绝大多数是有变化的，某一半步出现延长或缩短。患肢所走的一步和相对健肢所走的一步是相等、不变的，而只是一步的前一半或后一半出现延长或缩短（图3-1）。

二、跛行种类

跛行可分为运跛（悬跛）、支跛和混合跛三类。

图 3-1　健康牛与患病牛的蹄印

1. 健肢　2. 患肢（运跛）　3. 患肢（支跛）

1. 运跛（悬跛）　运步时病肢的提举和伸扬出现机能障碍者称为运跛。运跛牛表现为患肢抬不高、迈不远、运步缓慢、不灵活。重度跛行牛的患肢不能提伸而拖曳前进。病肢落地的蹄印出现在对侧健肢蹄印的紧前方，前半步距离缩短又称前方短步。运跛的出现表明病部大多在患肢上部，常称"敢踏不敢抬，病痛在胸怀"。

2. 支跛　在患肢落地负重的瞬间出现机能障碍者称为支跛。支跛牛表现为患肢着地负重时感到疼痛，负重时间短促，蹄底着地不全或不能负重。重度跛行牛呈三脚跳跃前进，健肢提前落地，致使患肢的蹄印在对侧健肢蹄印后方的距离缩短，又称后方短步。支跛的出现表明病部大多在病肢的下部，常称"敢抬不敢踏，病痛在腕（跗）下"。

3. 混合跛　运步时患肢落地负重和提举伸扬均出现不同程度的机能障碍者称混合跛。混合跛的出现表明病部大多在上部的骨和关节或肢的上下部均有病。

由于损伤的器官在程度上轻重不同，表现又有差异，因此，混合跛又可分为以支跛为主的混合跛和以运跛为主的混合跛行。此外，临床上还有以某种疾病发生的某些特有症状的特殊步态。其中有：

（1）紧张步样　四肢负重困难，步态急速而短促，是奶牛蹄叶炎的一种表现。

（2）黏着步样　运步缓慢强拘，像被胶水黏着样迈不开。见于肌肉风湿、慢性关节炎等。

（3）鸡跛步样　病后肢运步时举得很高，膝、跗关节屈曲像鸡步一样有弹性。见于畸形性跗关节炎、慢性膝关节炎等（图 3-2）。

（4）间歇性跛行　在运步中，突发跛行，过一会儿，渐即消失或时有时无。消失后，运步与正常牛一样，不留任何后遗症。但在下次运动中，可再次复发。见于动脉栓塞、习惯性膝盖骨上方脱位或关节石。

图 3-2　奶牛跗关节高度屈曲，呈直飞状

三、跛行程度

按其患肢机能障碍的程度跛行可分为重度、中度和轻度三种。

1. 重度（三度）跛行　站立时患肢不能落地负重或悬提着；运步时提伸困难，常呈三脚跳跃前进或拖曳步样（图 3-3 至图 3-5）。

2. 中度（二度）跛行　站立时患肢前伸、后踏、内收或外展，不能以全蹄着地；运步时病肢落地负重时间缩短，不能以全蹄负重，提举和伸扬不充分（图 3-6）。

3. 轻度（一度）跛行　站立或患肢运步落地负重时，全蹄虽能全部着地，但支负时间较健肢为短，运步时提伸稍受限制。

图 3-3　重度跛行，呈跳跃式前进

图 3-4　重度跛行，呈跳跃式前进

图 3-5　重度跛行三脚跳跃前进

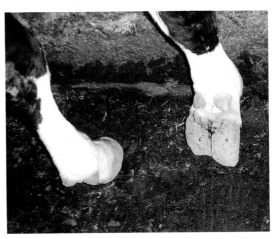

图 3-6　中度跛行蹄尖接地，蹄不完全着地

第二节　跛行诊断的顺序和方法

大型规模化牧场奶牛的跛行诊断一般由一看、二摸、三判断三个部分组成。一看，即在饲喂通道上或挤奶通道上观察奶牛站立时的姿势、负重状态、局部外形变化；运步时的头、臀运动状态，步态，肢蹄落地负重的状态，以及提举、伸扬时的状态等。二摸，即将奶牛锁定在颈枷上或将牛上修蹄台后，触摸局部的温度、疼痛感、肿胀、脉搏、移动性、他动运动和摩擦音等变化。三判断，即将收集到的诊断材料进行综合分析，达到确定病肢（蹄）、判定病部和确定病性的目的。在规模化大型牧场对奶牛重度跛行诊断，确定病肢并不困难，但确定病部有时还要用一些辅助诊断的检查方法，才能获得正确的诊断结果。这就反映出跛行诊断的经过既有一定的顺序性，也有一定的灵活性。现按其基本顺序分述如下。

一、调查奶牛发病情况

发生跛行的奶牛由巡栏人员发现后，即可将跛行牛转群到肢蹄病牛舍，交兽医人员进行诊断。兽医人员接受新发生的跛行牛后，要做以下调查：通过信息管理系统调查奶牛的年龄、胎次，是新产牛还是泌乳牛、干奶牛、青年牛，有无妊娠，以及妊娠的天数；通过信息系统了解奶牛过去发生过什么疾病，然后将牛号登记在病例登记表上。

当跛行牛涉及下述问题时，需进行全身检查。

（1）在较短时间内相继出现较多的类似跛行牛，具有流行性；没有外伤史，且有两个肢以上同时发病；反刍、粪便异常。

（2）对严重的肢蹄病牛，要做全身检查。全身检查包括体况评分，精神状态、可视黏膜、采食与反刍情况、排尿及粪便性状、体温、呼吸、脉搏、淋巴结的检查等。必要时要配合实验室检查。

■ 二、视诊

视诊是奶牛跛行诊断中的重要环节。视诊可分为站立视诊和运步视诊。站立视诊，可初步判定病肢和找到确诊疾病的线索；运步视诊，可确定病肢和初步判定病部。

（一）站立视诊

跛行奶牛的站立视诊是在牛舍的粪道上进行的，有运动场的牧场可在运动场上进行。待奶牛安静后，在相距病牛 1~2m 处，围绕病牛进行前、后、左、右观察。看头部位置、站立姿势、肢蹄的负重状态和外形上的变化。首先应注意头颈的位置，头颈位置可表明牛体重心有无转移。低头和伸颈，牛体重心从后肢转移至前肢。抬头和屈颈，体重心则从前肢转向后肢。两后肢跛行时，常卧地不起。站立时，可见四肢都集于腹下，并且弓背。四个肢的跛行也表现为上述姿势。

蹄的外侧指（趾）有病时，可见患畜病肢外展，以内侧指（趾）负重。两前肢内侧指患病时，可见两前肢交叉负重（图3-7）；两后肢内侧趾患病时，则看不到这种姿势。

图3-7　奶牛两前肢交叉站立（蹄叶炎病牛）

观察顺序应自上而下，左右对比。特别要注意常发部位。重点注意三个字"姿""负""局"。

1. **姿**　看病牛的整体的姿势。一看头体位置的改变。两前肢有病时，头、颈高抬；两后肢有病时，头、颈低下。二看肢势有无异常。病肢常出现前伸、后踏、内收、外展、系部直立、屈曲等异常姿势。这些异常姿势都是减轻患肢病变部位的紧张性，缓解疼痛的表现，也是判定病肢的有效方法。

2. 负　指患肢的负重状态。患肢常呈免负体重或减负体重，健康奶牛的正常站立时是四肢都支持体重，如果有一肢出现减负或免负体重，这个肢就是有病肢（图3-8）。

图 3-8　奶牛左后肢蹄尖轻轻触地，负重不确实

3. 局　指肢体的局部变化。如肢体有无延长（或缩短）、变形、肿胀、萎缩、破损、化脓、疤痕、指（趾）轴和蹄的异常等（图3-9）。

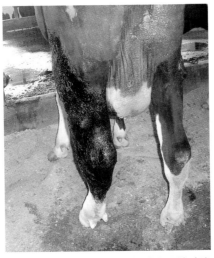

图 3-9　左后肢跗关节及跟腱弥漫性肿胀

（二）躺卧视诊

牛健康状态下经常是卧着休息，如卧的姿势发生改变或卧下不愿起立，往往说明运动器官有疾患。牛卧的姿势是两前肢腕关节完全屈曲，并将前肢屈于胸下；后部的体躯

稍偏于一侧，一侧的（下面的）后肢弯曲压于腹下，另一侧（上面的）后肢屈曲，放在腹部的旁边（图3-10）。

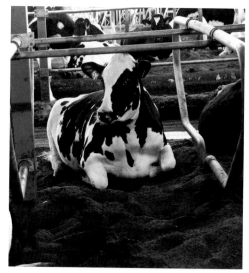

图3-10　奶牛卧地的正常姿势

正常卧的姿势发生改变，表示有运动器官出现障碍。当牛的脊髓损伤时，整个体躯平躺在地上，四肢伸直，二后肢麻痹性无痛，二前肢强直亢进，但二前肢仍有随意运动（图3-11）。两侧闭孔神经麻痹时，二后肢伸直呈蛙坐姿势（图3-12）。

图3-11　脊髓损伤牛的倒卧姿势

图3-12　闭孔神经麻痹

临床上在躺卧视诊时，还应注意动物由卧的姿势改变为站立时的表现，有时在这时可看出有病变的肢和部位。为了判断牛起立时有无障碍，可先使其处于正常卧的姿势，然后给以驱赶让牛起立，在站立过程中观察哪个肢有障碍，或某个肢的哪个部位有障碍。

躺卧视诊时，应注意蹄的情况，因为这时蹄底也可看到，为驻立视诊对蹄的观察打下一定基础。

（三）运步视诊

运步视诊是根据运步时出现的特点来确定病肢和初步判定病部。运步视诊可在奶牛去挤奶厅的赶牛通道上或奶牛从挤奶厅回牛舍的通道上进行检查，特别是从挤奶厅回牛舍的通道上进行检查更容易发现跛行牛，因为跛行牛大多走在牛群的后面。检查者与病牛保持 3～5m 的距离，有步骤地从前方、侧方、后方进行比较观察。

在前方可以看点头运动、摆头运动、伸低头运动。前肢落地时肩关节是否发生震颤或外突，下踏时有否内收、外展等变化；在后方看臀部的升降运动、后躯的摇摆、后肢的划弧运动等；在侧方看点头运动、摆头运动、伸低头运动，以及肢的提举、伸扬、膊尖（肩胛软骨）是否翻动、步幅、蹄的落地负重等。

观察点头和臀部升降运动，是确定病肢的方法。某一前肢有病时，病肢落地头上抬，健肢落地头低下，可概括为"点头行，前肢痛，低在健，抬在患"；某一后肢有病时，病肢落地同侧臀部高抬，健肢落地时同侧臀部低下，即"臀升降，后肢痛，升在患，降在健"。

看摆头运动：当奶牛的一前肢出现机能障碍时，奶牛运动时常常出现摆头运动，即当有病的前肢落地的瞬间，头颈部向对侧健前肢摆动，健前肢抬举运步的瞬间，头颈恢复正常。概括为"摆头行，前肢痛，摆在患，正在健"。

伸低头运动：奶牛的一后肢出现跛行时，奶牛在运步时常常出现伸低头运动，即当有病的后肢落地负重时，奶牛的头颈向前方伸展并向地面低下，根据这一运步的特点，即可确定奶牛的后肢出现了跛行。

上述是单个肢体发病的情况，如果两个肢以上同时发病，便出现整个躯体运动的改变，出现代偿性步样。

两前肢同时发病：运步中头高抬，步态呈急速、短促的紧张步。

同侧前后肢同时发病：运步时体躯明显倾向健侧，病侧前、后肢着地时头、臀高抬，健侧前、后肢着地时，头、臀低下，从而可见头高抬与臀低下、头低下与臀高抬同时发生。

在运步视诊时可经常看到后肢球节的突然屈曲，不要错误地认为病在球节，这是球节的神经支配出现的问题，最常见于长时间躺卧于硬地上的牛，当起立后躺卧侧后肢的球节在负重时出现屈曲，这可能是躺卧侧的后肢腓神经压迫性麻痹引起的。对病牛检查时，通常找不到敏感区，应从所表现的症状推断患病牛的后肢腓神经的不全麻痹所引起的关节与肌肉的松弛，导致关节固定出现的障碍所表现的症状（图3-13）。这种症状最多见于卧于硬地上的牛或产后瘫痪牛，在起立后常常表现一个或两个后肢在负重时出现的球节向前突出。

图 3-13　后肢负重时球节屈曲

■ 三、局部检查

将奶牛上修蹄台检查，也可将奶牛锁定在颈枷内进行检查。

对肢蹄各部解剖形态和结构进行触诊，借以确定病部和判定病性。检查顺序一般从蹄开始，自下而上，由前到后，从左到右。对蹄的检查要使用检蹄钳，以确定蹄底真皮各部位有无疼痛（图 3-14、图 3-15）。

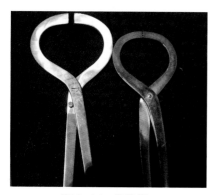

图 3-14　检蹄钳

图 3-15　检蹄钳检查蹄部有无疼痛部位

对四肢患部触诊时先轻后重，并与健肢对比。检查内容包括温度、肿胀、疼痛、指（趾）部脉搏、移动性、他动运动和摩擦音等。

局部检查的内容：

（1）疼痛和感觉消失。凡炎症性疾病大多敏感，按压或他动运动时均出现避让等表现。当神经麻痹时则出现感觉消失区。

（2）肿胀和萎缩。软组织的急性和亚急性炎症以渗出为主，出现不同程度的炎性水肿；慢性炎症以增生为主，肿胀呈硬实感；骨赘形成后坚硬。病部长期缺血、外周神经损伤后，经一定时间其所支配部位的肌肉则出现萎缩。

（3）急性、亚急性炎症的部位均有不同程度的增温；发生缺血、坏死等部位则病部温度降低。

（4）波动感。对于皮下黏液囊炎、滑膜囊炎、腱鞘炎等疾病触诊时感到有波动感，对于慢性组织增生则缺乏波动感。

（5）蹄真皮的无菌性与感染性疾病，指（趾）动脉脉搏搏动增强。

（6）摩擦音和捻发音。对骨折处进行他动运动时，可感到骨的断端互相碰撞发生骨摩擦音。关节、腱鞘和皮下黏液囊发生纤维素性炎症时，触诊出现捻发音。

四、其他检查方法

确定发病部位的病理性质，除采用触诊、他动运动等方法外，某些疾病尚需选用穿刺诊断、局部普鲁卡因麻醉等辅助诊断。这些方法不仅有助于确定病部和判定病性，还能为治疗提供依据。常用的有：

1. 普鲁卡因神经阻滞麻醉检查　用于判定病部的一种检查方法。以2%～4%普鲁卡因溶液5～20毫升，注射在神经的径路上，使该神经在注射点以下所分布的区域传导暂时阻断、跛行暂时减轻或消失，从而发现病部。

2. 普鲁卡因关节内麻醉检查　以2%～4%普鲁卡因溶液注入可疑的患病关节内，观察其跛行是否减轻，以确定是否有病。

3. 普鲁卡因腱鞘内麻醉检查　把2%～4%普鲁卡因溶液注入腱鞘内，观察跛行是否减轻或消失，以确定是否有病。正常的腱鞘直接注入药液都比较困难，当积有渗出液时较容易进行。通常应抽出较多的渗出液后再注入药液。一般每个腱鞘注入20mL左右。

4. 直肠检查　髋骨骨折、髋关节内方脱位等均可经直肠检查确定（图3-16）。髂外动脉被血栓栓塞后引起的跛行，也需从直肠检查中获得依据。

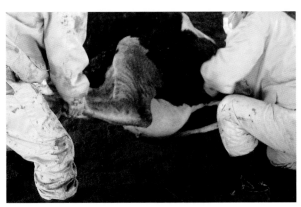

图3-16　直肠检查

一人手臂伸入直肠内，另一人抬起后肢上下晃动，直肠内手感觉有无骨摩擦音，以确定髋骨有无骨折

五、外周神经麻醉诊断

牛前肢腕关节以上和后肢跗关节以上，因肌肉强大，麻醉诊断多不确实，临床上比

较有意义的是掌（跖）部外周神经麻醉诊断和系部外周神经麻醉诊断。

（一）牛的四肢神经阻滞麻醉操作方法

1. **蹄麻醉** 由于用检蹄钳的钳压即可确定蹄内有无疼痛的部位，因而不必进行蹄的神经麻醉。

2. **指（趾）间麻醉** 共有两处。一处位于指（趾）间隙的正上方，背正中线的外侧进针，麻醉前近指（趾）轴神经；另一处位于悬蹄紧下方，在掌（跖）正中线稍内侧进针，麻醉后近指（趾）轴神经（图3-17）。

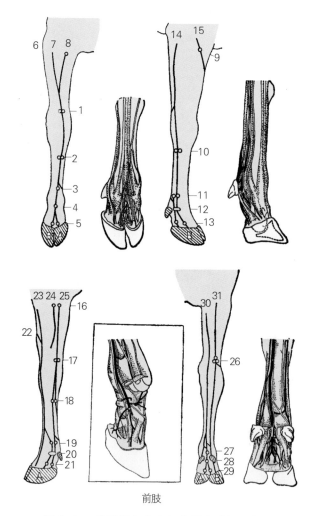

前肢

图 3-17　前肢神经分布与传导麻醉刺入点

A. 内侧趾　B. 外侧趾

1. 腕上麻醉　2. 腕下麻醉　3. 掌麻醉　4. 指间麻醉　5. 蹄麻醉　6. 前臂麻醉　7. 桡浅神经　8. 肌皮神经皮支　9. 前臂麻醉　10. 腕下麻醉　11. 掌麻醉　12. 指麻醉　13. 蹄麻醉　14. 尺神经　15. 桡浅神经　16. 前臂麻醉　17. 腕上麻醉　18. 腕下麻醉　19. 掌麻醉　20. 指麻醉　21. 蹄麻醉　22. 桡浅神经　23. 肌皮神经皮支　24. 尺神经皮支　25. 正中神经　26. 腕上麻醉　27. 掌麻醉　28. 指间麻醉　29. 蹄麻醉　30. 正中神经　31. 尺神经

3.指（趾）麻醉　外侧或内侧指（趾），包括蹄有病时，可于球节部外侧或内侧麻醉两根远指（趾）轴神经（因其余两根近指（趾）轴神经在上述指（趾）间麻醉时已麻醉过）。方法是在球节下的外侧或内侧的中1/3处进针，沿皮下水平地刺至悬蹄，边注射边退针，在悬蹄前方（图3-18）注射较多的药液。

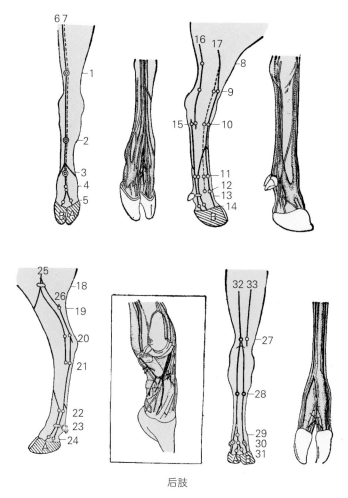

后肢

图 3-18　后肢神经分布与传导麻醉刺入点

A. 内侧趾　B. 外侧趾

1. 跗上麻醉　2. 跗下麻醉　3. 跖麻醉　4. 趾间麻醉　5. 蹄麻醉　6. 腓浅神经　7. 腓深神经　8. 小腿麻醉（低位）　9. 跗上麻醉　10. 跗下麻醉　11. 跖麻醉　12. 趾间麻醉　13. 趾麻醉　14. 蹄麻醉　15. 胫神经　16.（股外侧皮神经）隐外神经　17. 腓神经　18. 小腿麻醉（高位）　19. 小腿麻醉（低位）　20. 跗上麻醉　21. 跗下麻醉　22. 跖麻醉　23. 趾麻醉　24. 蹄麻醉　25. 隐内神经　26. 胫神经　27. 跗上麻醉　28. 跗下麻醉　29. 跖麻醉　30. 趾间麻醉　31. 蹄麻醉　32. 胫神经　33. 隐外神经

4. **掌麻醉**　球节后方有病用后方麻醉；球节和球节前方有病用前方麻醉。掌部六根神经分别位于球节正上方的内侧（两根）、外侧（两根）、掌侧（一根）和背侧（一根）。

前方麻醉（即背侧麻醉），针由上向下刺入，深达筋膜，注射药液。

后方麻醉，需内、外、掌同时进行。内、外侧的麻醉，针头都由上向下对悬韧带刺去，然后在韧带前方和后方的沟中，将药液注入皮下和筋膜下，以麻醉外侧的两根尺神经、内侧的正中神经。麻醉掌侧时，在屈腱后方的一侧进针，经皮下刺向另一侧，将药液注入掌侧正中处的周围，以麻醉掌神经。

5. 腕下麻醉　按掌部前后方的病变分别采用前后方麻醉。在麻醉部位的六根神经分别位于腕部紧下方的外、内和前内侧。

前方麻醉，由前方进针经皮下刺入前内侧，在掌部的前方与内侧交界处注射麻醉药液。

后方麻醉，在掌面，分别在内、外侧与掌骨长轴呈直角的方向进针，深达筋膜下并各向前推进到悬韧带的内、外缘，边注射边退针。使外侧的两根尺神经、内侧的正中神经及其腕上支都被麻醉。

6. 腕上麻醉　按腕前、后的疾患分别进行。七神经分别位于掌侧、内侧和前内侧。

前方麻醉，在背正中线内侧腕上约一掌处，由上向下进针，通过前臂筋膜，注射时变动针头位置，使药液呈扇形散布，但内侧要注射较多的药液，使桡神经和肌皮神经及其吻合支或总干都可得到麻醉。

后方麻醉，针在腕尺侧屈肌和腕尺侧伸肌之间的尺沟中稍向下刺入，将药液注入皮下、筋膜下和肌间。尺神经的两根终末支及其分布到屈腱的后支都可麻醉。麻醉正中神经时，在内侧面桡骨和腕桡侧屈肌之间的沟中进针，由下向上达桡骨，边注射边退针，并在该点稍后方进行同样的注射，以确保正中神经腕上皮支得到麻醉。

7. 跖麻醉　按球节前、后方的病变采用同一方位的麻醉。七根神经分别位于球节上方的外侧、内侧、掌侧和背侧。

前方麻醉，为了避免损伤外侧的隐神经的前支，由伸肌腱的内侧进针，刺入腱的浅面，注射药液于背中线处；然后将针稍退出再向腱的深面推进，使药液注射于跖骨背中沟处，麻醉腓浅、腓深神经。

后方麻醉，与前肢掌麻醉相同。

8. 跗下麻醉　按前、后方的病变分别采用前、后方麻醉。六根神经分别位于跗关节下方的外侧、内侧和前外侧。

前方麻醉，在趾长伸肌腱和趾外侧伸肌腱之间的沟内，由下向上进针，将药液注入皮下、筋膜下和跖骨上，使腓浅、腓深二根神经都被麻醉。

后方麻醉，主要阻滞跖神经。对外侧跖神经的麻醉在深屈腱前方进针；内侧的跖神经在浅、深屈腱之间进针。针的角度几乎与神经平行。在内外两侧都把药液注于皮下和筋膜下，并在神经的稍前方也适当注入药液，以分别麻醉隐内、隐外神经的终末支。

9. 跗上麻醉　按跗前、后部的病变分别采用前方或后方麻醉。五根神经分别位于跗关节的后外、后内侧和前外侧。

前方麻醉，针头在前外侧，从下方刺入小腿的趾外侧伸肌和趾长伸肌间的沟内，药液注入皮下、筋膜下和沟内，以麻醉腓浅、腓深二根神经。

后方麻醉，麻醉隐外和胫神经。分别在跗关节内、外侧，在跟端上方一指宽处和跟腱的前方，由上向下进针直达跟端，使药液呈扇形分布于跗关节的凹陷处，在内侧还需向胫骨方向注射药液，以阻滞隐内神经的分支。

10. **小腿麻醉**　跟腱有病用小腿低位麻醉，胫内侧有病用小腿高位麻醉。三根神经分别在小腿上 1／3 部进行麻醉。

低位麻醉，在小腿中部，腓肠肌起始部的内、外侧，在跟腱前方由下向上进针，然后使针的方向平行于跟腱把药液呈扇形注入，使其靠近跟腱与胫骨的周围、皮下和筋膜下，以麻醉隐外神经和胫神经。

高位麻醉，在膝关节内侧，胫骨内侧髁下缘水平地进针，将药液沿 5～10cm 的长度注入皮下和筋膜下，使隐内神经的三根重要分支都能得到麻醉。

11. **环状封闭**　临床应用时以 2% 盐酸普鲁卡因溶液 80～100mL，在系部和掌（跖）部作环状注射，都以 4 点注入皮下，10min 后，观察麻醉效果。先在系部注射，如跛行消失，病在注射部位以下。如跛行不消失，则在掌（跖）部注射，如跛行消失，病在两次注射点之间。如跛行不消失，病在第二次注射点以上。

（二）进行四肢神经麻醉检查时的注意事项

（1）在肢的下部，麻醉效果确实，上部神经来源较多，效果亦较差。因此，前肢的正中、尺神经应同时麻醉，后肢的胫、腓神经应同时麻醉。

（2）注射后 15～20min 即可进行检查，但不宜快步和急转弯，以防意外。

（3）两次麻醉注射的间隔时间不应少于 1h。

（4）因机械性障碍或麻痹所致的跛行，本法无诊断价值。

（5）有骨裂、韧带或腱的不全断裂时，忌用神经麻醉。

第四章　规模化奶牛场奶牛四肢关节疾病

第一节　关节的解剖生理

关节是由两块或数块骨借助于结缔组织、软骨和滑膜囊以不同方式结合起来的一种可动或不动的连接装置。四肢关节多数为可动关节，也有少数不动关节，如桡尺关节、掌间关节等。

动关节的构造：动关节由关节面、关节囊、关节腔、滑液、关节韧带及其有关的神经、血管和淋巴管所构成（图4-1）。

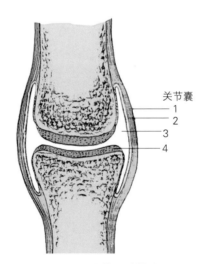

图4-1　关节构造模式图

1.纤维层　2.滑膜　3.关节腔　4.关节软骨

1. **关节面**　是骨与骨接触的光滑面，形状互相吻合，以利于关节的活动，表面覆盖透明软骨，称为关节软骨。关节软骨的基质主要含有硫酸软骨素 A 和硫酸软骨素 C。关节软骨与骨紧密邻接的部分通常钙化。关节软骨是具有弹性的组织，软骨具有海绵样的性质，能吸收滑液，后者通过软骨基质而扩散。营养物质来自滑液，骺血管和关节周围动脉环的毛细血管。关节软骨具有较大的弹性和韧性，是保持关节灵活性、稳固性、防震的装置。关节软骨在摩擦和受压较大的地方比较厚，如关节头表面的软骨中央厚、边缘薄，而关节窝表面的软骨则中央薄、边缘厚，扩大或加深关节窝，有防止边缘破裂的作用。关节软骨仅在其游离的外缘有软骨膜，具有血管、淋巴管和神经。关节软骨在超过其弹性限度时，因抵抗力减弱而变性，除被覆软骨膜的部分外，修复力极其缓慢或无修复力。关节软骨对酸性反应较敏感，当滑液的碱性降低时，能发生关节软骨的损伤。酸中毒时则出现不可逆的变化。在软骨受损处，可能长出含有大量成骨细胞的结缔组织，随后便导致骨化性关节炎。

2. 关节囊　是包在关节周围的结缔组织囊。必须注意骺板与关节囊附着线的关系。例如，骺板是骨干和骨骺之间感染扩散的屏障。如果骺板在关节内，那么骨干的一部分也在关节内，骨干的感染就可以影响到关节。在这类情况下，如果骨干骨折，就成为关节内骨折，在奶牛最多见于球节和腕关节的关节内骨折（图4-2、图4-3）。

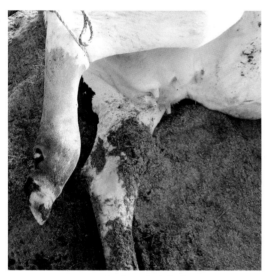

图4-2　奶牛后肢球节内骨折

图4-3　腕关节内骨折

关节囊的厚度，决定于关节的机能活动范围，活动性较大的关节囊比较薄，而微动关节的关节囊则厚。囊壁由两层构成，外层为纤维层，内层为滑膜层。

纤维层由致密结缔组织构成，厚而坚韧，又称囊状韧带。其厚度因所在的部位不同，有的地方很厚，甚至与关节韧带相连续；有的地方很薄，几乎仅保留一滑膜层。纤维层有大量的血管与丰富的本体感觉和痛觉神经末梢，在表面有韧带、筋膜、腱膜和腱的加厚部分。它们有加固关节和保护滑膜囊的作用。

滑膜层又分为两层，外为滑膜外层或下层，内为滑膜内层或固有层。滑膜外层由疏松结缔组织构成，具有丰富的血管和淋巴管，是滑膜受损伤时病理变化发生的主要部位。滑膜固有层很薄，由结缔组织构成，表面覆有密接的结缔组织细胞（滑膜细胞）。滑膜内有许多部分形成皱襞，以适应关节的最大运动。在滑膜边缘即靠近关节面的部位，滑膜上形成大量绒毛，滑膜绒毛在不同关节其大小不等，绒毛内有丰富的血管、淋巴管和神经。滑液通过绒毛分泌到关节腔内。当关节内受到物理化学的或生物学的刺激时，滑膜首先出现炎性反应和水肿，并有液体渗出，关节囊膨胀。滑膜绒毛在炎症过程时，绒毛增大，有时脱落。

滑膜有两个方向的渗透性，即由血管渗透到关节腔和关节腔渗透到血管。这种渗透性有一定的特异性，如化脓性链球菌、结核杆菌、布鲁氏菌、水杨酸制剂、磺胺嘧啶及葡萄糖等，均能经血管渗透到关节腔；而葡萄球菌、青霉素、特异性血清，却不能由血管渗透到关节腔内。如果将这些物质注入关节腔内却很易渗入血管中。滑膜有抗感染能力，某些细胞对病原菌具有吞噬作用。当细菌侵入关节内后，滑膜分泌滑液的作用增强。在关节发生透创时，滑液经创口处流出，并形成鸡油样的纤维蛋白凝块堵塞创口，对感染具有积极的抵抗作用。如果感染继续存在，经过 24~48h 而发展成炎症过程。外原性加大关节内的压力可促进关节内液体的扩散和吸收，因此，在关节内注入药液后常可采用压迫绷带。关节内细菌感染，细菌从关节进入血流，随后可以发生败血症。

3. 关节腔及滑液　关节腔是由关节囊和关节面围成的腔隙，在正常情况下，腔内只有少量滑液。滑液是透明的微黄色黏性液体，呈碱性反应，有一定的黏滞性。滑液中含有透明质酸，透明质酸增加了滑液的黏滞性。奶牛的滑液中还含有血清蛋白、酶、运铁蛋白、血浆铜蛋白、甲状腺素结合蛋白和触珠蛋白，滑液里不存在血液凝固物质。滑液在正常时含有少数细胞，大多为单核细胞。当滑膜发生病理过程时，滑液的细胞成分也发生改变。进行关节穿刺抽出滑液，检查滑液的细胞成分和化学成分及病原菌，是诊断奶牛关节病的重要方法之一。

滑液里的细胞成分能随运动的增加而增多，活动性较大的腕、系、膝、跗关节里的细胞成分较高于其他关节。滑液的作用是滑润滑膜及软骨表面，预防关节软骨过早磨损，保护关节骨、软骨、滑膜不受酸性代谢产物的侵害，并借扩散方式供给关节软骨营养。

4. 关节韧带　是由胶原纤维形成的带状或膜状结构，致密而坚实，大多分布于关节的内、外侧（侧韧带），以及关节的前、后方，紧贴在关节囊纤维层的外面，连接构成关节的各骨，起着加固关节的作用。有少数韧带位于关节囊内，称为关节内韧带。韧带具有一定的坚韧性，但超越生理活动范围时可引起韧带的剧伸、撕裂和断裂。因为韧带的中部较附着部有较大的弹性和强度，因此当关节发生捩伤时，多半在韧带的附着部发生撕裂。

5. 血管、淋巴管和神经　供应骨的动脉通常在关节囊的附着线上或其邻近进入骨内，形成一明显的动脉网围绕关节。动静脉吻合也存在于这些地方，能使它们的血液可以不经毛细血管网通过。淋巴管伴随血管而行，并在滑膜和关节囊里形成淋巴管丛。淋巴管离开关节后，进入局部的淋巴结。

关节神经的分布：每一关节受来自若干脊神经的纤维所支配，纤维经若干外周神经而分布。

第二节　关节捩伤

关节捩伤（关节扭伤）是关节在突然受到间接的机械外力作用下，超越了生理活动范围、瞬时间的过度伸展、屈曲或扭转而发生的关节损伤。本病是奶牛常见和多发的关节病，最常发生于系关节和冠关节，其次是膝关节、肩关节和髋关节。

　　【病因与病理】奶牛在卧床躺卧时，常常将前肢越过挡胸板（管）伸向前方，如果挡胸板（管）与卧床之间留有较大的空间，前肢伸入到卧床前挡胸（管）板下方，在奶牛起立时，挡胸板（管）对造成冠关节和系关节坎卡、挤压，而如果奶牛急速拔腿，则将引起系关节、冠关节的捩伤（图4-4）。奶牛在修蹄台不合理的保定，保定绳对前肢或后肢系关节、冠关节的捆绑，在奶牛挣扎欲起的过程中，也可引起奶牛关节的捩伤。挤奶通道地面不平，误踏深坑或深沟、跌倒等也可引起关节捩伤。这些主要致伤因素是机械外力的速度、强度和方向，以及在其作用下所引起的关节超生理活动范围的侧方运动和屈伸，轻者引起关节韧带和关节囊的全断裂，以及软骨和骨骺的损伤。急剧关节侧动，在损伤侧韧带的同时还可能撕破骨膜和扯下骨片，使之成为关节内的游离体。韧带附着部的损伤，可引起骨膜炎及骨赘。

图4-4　奶牛前肢伸入前挡胸管前方，引起系部关节捩伤

　　关节囊或滑膜囊破裂常发生于与骨结合的部位，易引起关节腔内出血或周围出血，浆液性、浆液纤维素性渗出。如滑膜血管断裂，则发生关节血肿；或由于损伤其他软部组织，造成循环障碍、局部水肿。软骨和骨骺损伤时，软骨挫灭，骺端骨折，破碎小软骨片最终引起关节的化脓性瘘管，并表现重度的跛行（图4-5）。

图4-5　系部骨损伤，系部外侧皮肤化脓

【症状】发生关节掐伤的奶牛，表现跛行、疼痛、肿胀、温热和骨质增生等症状。

1. 跛行　受伤后立即出现跛行。行走数步之后，疼痛减轻，这是原发性剧烈疼痛的结果。炎症性疼痛跛行在伤后 12～24h 出现，跛行程度随运动而加剧。中等度、重度掐伤时表现中度到重度跛行，站立时患肢减负或免负体重，仅仅以蹄尖着地（图 4-6）；运步时呈现中度到重度的支跛。组织损伤越重，跛行也越重。如损伤骨组织时，表现为重度跛行，在站立时患肢屈曲以蹄尖着地，免负体重，时时提起患肢或悬起不敢着地。运步时呈三脚跳跃前进（图 4-7）。

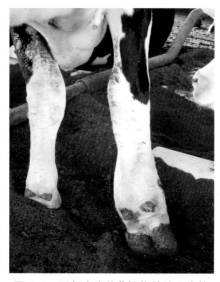

图 4-6　系部中度关节掐伤的站立姿势

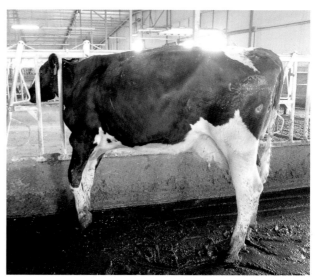

图 4-7　系部重度关节掐伤的站立姿势

2. 疼痛　原发性疼痛，受伤后立即出现，是关节滑膜层神经末梢对机械刺激的敏锐反应。炎性反应性疼痛，韧带损伤痛点位于侧韧带的附着点纤维断裂处，触诊可发现疼痛。他动运动有疼痛反应。当使受伤韧带紧张时，立即出现抽腿疼痛反应。同时转动关节向受伤的一方，使损伤韧带弛缓，则疼痛轻微或完全无痛。当进行他动运动检查时，有时发现关节的可动程度远远超过正常活动范围，这是关节侧韧带断裂和关节囊破裂的典型表现，此时疼痛明显。

3. 肿胀或化脓性瘘管的形成　发生掐伤的关节肿胀，出现在病程的两个阶段。病初炎性肿胀，是关节滑膜出血、关节腔血肿、滑膜炎性渗出的结果，特别是关节周围出血和水肿时，肿胀更为明显；另一种肿胀出现在慢性经过的骨质增生，形成骨赘时，表现硬固肿胀（图 4-8）。四肢上部关节外被有厚的肌肉，患部肿胀不甚明显。轻度掐伤，基本没有明显肿胀；中等度掐伤，有程度不同的肿胀；只在严重关节掐伤时，炎症反应越剧烈，肿胀也越严重。当掐伤的关节损伤到骨组织时，由于没有采取外固定，损伤的骨组织始终处于活动状态，骨组织难以修复，甚至引起骨坏死，导致关节的化脓性瘘管的形成（图 4-9）。

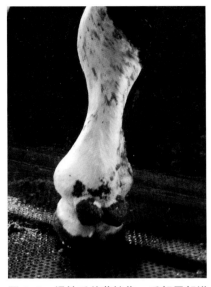

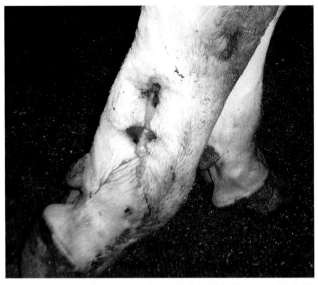

图 4-8 慢性系关节捩伤，系部局部增生、变形

图 4-9 重度关节捩伤，深部有游离的骨碎片，导致关节化脓性瘘管

4. 温热　根据炎症反应程度和发展阶段而有不同表现。一般伤后经过半天乃至 1 天的时间，共和炎性肿胀、疼痛和跛行同时并存，并表现有一致性。仅在慢性过程关节周围纤维性增生和骨性增生阶段有肿胀、跛行而无温热。

5. 骨质增生　慢性关节捩伤可继发骨化性骨膜炎，常在韧带附着处形成骨质增生，关节变形，跛行长期存在。

【治疗】关节捩伤的治疗原则：制止出血和炎症发展，减少关节的活动；镇痛消炎、预防组织增生，恢复关节机能。

重度的关节捩伤，为了制止关节腔内的出血、渗出和止痛、抗炎，可以装置安得列斯绷带。

装置方法为：

（1）安得列斯粉 250～300 克，用凉水和成糊状，待用。

（2）卷绷带放于凉水中浸泡浸透，取出绷带用手轻轻挤压出多余水分。

（3）用 5% 碘酊消毒捩伤的关节。

（4）将调成糊状的安得列斯涂敷于关节捩伤处，均匀地涂敷于受损关节的皮肤上，涂敷厚度 0.5～0.6cm。

（5）用湿的卷绷带包扎捩伤的关节，每包扎一层绷带，都要在绷带的表面涂敷一层安得列斯糊剂，需要包扎 4～6 层，在最后一层绷带外用手均匀涂抹安得列斯糊剂。

（6）绷带装完后，每隔 3～4h 用凉水向绷带上喷洒，使绷带始终保持湿润状态。

（7）绷带经 24h 更换一次，连续应用 3 天。操作装置方法同上（图 4-10）。

图 4-10 犊牛关节病装置安得列斯绷带

　　为减少受损关节的活动,特别是当关节韧带发生撕裂或关节的骨发生损伤时,应在伤后 12h 内装置石膏绷带。石膏绷带既有减少受损关节的渗出,又有对受伤关节的固定、促进断裂韧带的愈合和骨损伤的修复作用(图 4-11 至图 4-13)。

图 4-11 在修蹄台上对关节捩伤的牛包扎石膏绷带

图 4-12 全身麻醉、石膏绷带固定

图 4-13 关节捩伤用石膏绷带固定后
的牛

　　石膏绷带的固定时间，依据关节掖伤的程度而定，对于关节韧带撕裂的关节掖伤，可装置 15～20 天；如果关节骨组织发生损伤的，石膏绷带应装置 30～45 天。

　　促进吸收：关节内出血不能吸收时，可进行关节穿刺排出，同时通过穿刺针向关节腔内注入 0.25% 普鲁卡因青霉素溶液。

　　镇痛：可用 1% 利多卡因 10～15mL，并配合醋酸泼尼松龙 125mg，青霉素 200 万 IU，向患病关节肿胀明显处注射，每隔 2 天注射一次，连用 3～5 次。

　　非甾体抗炎药：是规模化牧场最常用的镇痛、抗炎药，常用的有美洛昔康（商品药名：美达佳）、氟尼辛葡甲胺（商品药名：付乃达），具有良好的镇痛、抗炎作用，是奶牛场最常应用的非甾体抗炎药。

　　对转为慢性经过的病例，患部可涂擦碘樟脑醚合剂（处方：碘 20g、95% 酒精 100mL、乙醚 60mL、精制樟脑 20g、薄荷脑 3g、蓖麻油 25mL），每天涂擦 1 次，每次 2～3min，连用 3～5 天。

　　对慢性、增生性化脓性瘘管的关节掖伤，手术切除增生的瘘管壁组织，取出瘘管底部的坏死组织、异物、游离的骨碎片，创内安置抗生素软膏纱布绷带条进行引流，并用绷带包扎。以后，每隔 2～3 天处理一次，创口经 12～18 天愈合（图 4-14、图 4-15）。

图 4-14　慢性、化脓性瘘管的关节掖伤

图 4-15　切除瘘管壁坏死、瘢痕组织

　　【预后】除重症者外，绝大部分病例预后良好。如果不能早期进行关节掖伤的治疗，对严重的关节掖伤不包扎压迫绷带或石膏绷带的固定，仅仅注射抗炎药，常引起关节周围的结缔组织增生、关节变形；对关节内外骨损伤的病例，如果没有采取石膏绷带外固定的措施，最终形成关节部的化脓性瘘管、关节增生、变形而失去留养价值。

第三节　关节挫伤

　　牛经常发生关节挫伤，多发生于球关节、腕关节和跗关节，而其他缺乏肌肉覆盖的膝关节、肩关节有时也会发生。

【病因】卧床垫料太少，牛在起卧时腕关节碰撞无垫料的卧床地面，是发生腕关节挫伤的主要原因（图4-16）。挡胸板（管）装置不合理，距离卧床床面太高，奶牛的前肢可经挡胸板（管）下面伸到前方，当奶牛起立时猛然抽腿，挡胸板（管）引起前肢球节、冠关节的挫伤；也有的挡胸板断裂失修（图4-17），在奶牛起卧时前肢球关节、冠关节受到断裂的挡胸板的碰撞而发生挫伤；当奶牛的前肢越过挡胸板（管）伸向前方、当蹄部伸入卧床底座下的钢管下面，在牛起立时而发生球节或冠关节的挫伤（图4-18）。有时奶牛的前肢伸入颈枷内的二立柱间，前肢腕关节及掌部卡在二立柱间，奶牛试图抽腿而发生挫伤；赶牛通道的地面太滑，奶牛滑倒后也可发生关节的挫伤；推粪车在粪道上推粪时的冲撞，也是引起关节挫伤的原因之一。

图4-16　卧床垫料太少引起腕关节的挫伤

图4-17　卧床挡胸板断裂，可引起关节的挫伤

图4-18　奶牛前肢伸到挡胸板前方
　　　　的钢管下，易发生球节及
　　　　腕关节挫伤

【**症状**】关节发生挫伤时，常见受伤的关节皮肤有溢血、关节肿胀、患部疼痛和出现跛行。

1. *溢血* 指血管壁受损伤而出血，溢血的程度和受伤血管的种类、数量及周围组织的性状有关。一般疏松组织内溢血较多，致密组织中较少。少数毛细血管损伤时，溢血呈斑点状，在畜体上多不明显，不易引人注意；较多毛细血管和小血管损伤时，在组织间隙内呈弥漫性肿胀。血液渗漏于组织内时，呈现扁平的肿胀；当较大的动脉和静脉分支受损伤时，流出的血液能将周围组织挤开而形成血肿。溢血斑随着红细胞的崩解及血红蛋白的变化，可逐渐变为绿色、褐色、黄色，最后被吸收、消散。

2. *肿胀* 由炎性渗出物积聚、血液和淋巴液渗出、肌纤维或韧带断裂等引起。轻微挫伤时肿胀常不明显或为轻度局限性，在无色素的皮肤上可见到紫红色的区域肿胀，温度稍高，较坚实（图4-19）。发生在四肢上部的挫伤，除局部变化外，其下方可出现无热的捏粉样肿胀。

图4-19 右前肢球节挫伤，肿胀与局部暗红色

3. *疼痛与跛行* 关节挫伤后的牛疼痛明显，表现跛行。疼痛是由于渗出物和肿胀压迫神经末梢，以及神经末梢受到扭伤、挫灭所引起。疼痛的程度与受伤部位和损伤的程度有关，仅伤及皮肤及皮下组织疼痛较轻，伤及肌肉、韧带及骨组织则常有明显痛感；轻度挫伤时疼痛多呈一时性，重度挫伤时可出现暂时性知觉丧失。关节挫伤后的跛行程度与受挫关节的损伤程度呈正相关。由于发生挫伤的关节局部疼痛，所以可引起奶牛采食量及产奶量的下降。

关节挫伤的程度可分为轻度挫伤和重度挫伤。轻度挫伤时，皮肤脱毛，皮下出血，局部稍肿，随着炎症反应的发展，肿胀明显，有指压痛，他动患关节有疼痛反应，轻度跛行。重度挫伤时，患部常有擦伤或明显伤痕，有热痛、肿胀，病后经24～36h肿胀达高峰。初期肿胀柔软，以后坚实。关节腔血肿时，关节囊紧张膨胀，有波动，穿刺可见血液。软骨骨骺损伤时，症状加重。奶牛站立时，以蹄尖轻轻支持着地或不能负重。运动时出现中度或重度跛行（图4-20）。

图 4-20　左前肢球节挫伤，表现重度跛行

【治疗】首先判定关节损伤的程度，可将奶牛保定在修蹄台上，进行他动运动检查，判定有无骨损伤、有无韧带断裂（图4-21）。凡关节活动范围增大的关节挫伤，都需要进行关节的固定，可用夹板绷带或石膏绷带固定。这种固定方法不仅起到制止溢血、减少渗出的作用，还具有固定关节、减少活动、促进损伤组织修复的作用。在大型牧场的许多患慢性变形性关节病的奶牛，都是因发病后没有及时做到关节固定，最后导致关节严重变形而被淘汰。

在包扎固定绷带前，先对受伤的患肢用0.1%新洁尔灭大范围清洗与消毒，除去患部的污物后，用纱布擦干，再用5%碘酊消毒（图4-22），然后包扎石膏绷带（图4-23）。石膏绷带的固定时间，仅仅韧带的撕裂可固定15天；如果关节骨组织发生损伤，需要固定30～45天。

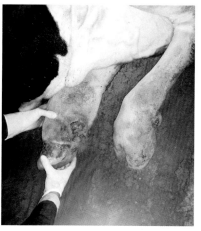

图 4-21　对挫伤的关节进行检查，
判定有无骨折或韧带断裂

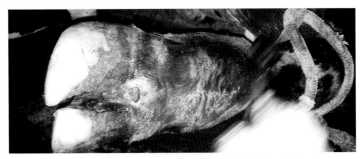

图 4-22　用 5% 碘酊对挫伤的关节大范围消毒

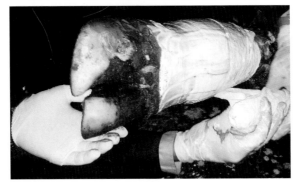

图 4-23　包扎石膏绷带

如果关节韧带和骨组织无异常变化，为了制止渗出和止痛，可以包扎安德列斯（复方醋酸铅散）绷带，其装置方法见上节关节揆伤治疗部分。

关节挫伤在包扎绷带前必须对受伤的关节进行清洗与消毒，否则可能发生感染。为了预防感染，可用头孢噻呋钠肌内注射，一般用药 3 天。如果一旦继发感染化脓，则必须按照化脓性创伤处理。奶牛关节挫伤后的化脓，都是在早期没有做好消毒与预防感染引起的，对化脓的关节必须进行化脓创的处理；否则，感染将向深部组织蔓延，引起大面积的坏死使奶牛失去留养价值而被淘汰（图 4-24）。

图 4-24　系部发生挫伤，感染化脓

关节的轻度挫伤，一般不需要包扎压迫绷带，但必须对挫伤的关节部，特别是皮肤溢血、部分被毛脱落的部位，用5%的碘酊进行消毒。

非甾体抗炎药美罗西康或氟尼辛葡甲胺，在重度挫伤的奶牛是必须应用的药物，发病后应立即肌内注射，每次15~20mL，1~2天注射一次，连用2~3次。

第四节　关节脱位

关节脱位又称脱臼，是关节骨端的正常的位置关系，因受力学或病理的某些作用而失去其原来状态。关节脱位常是突然发生，有的间歇发生。本病在奶牛多发生在髋关节和膝关节。

【病因】外伤性脱位最常见。如在挤奶通道或粪道上突然滑倒，在运动场上奔跑过程中导致上后肢的蹬空、关节强烈伸曲、肌肉不协调地收缩等。直接外力的作用，使关节活动处于超生理范围的状态下，关节韧带和关节囊受到破坏，导致关节脱位，严重时引发关节骨或软骨的损伤。

如果关节存在解剖学缺陷或患有结核病的牛、产后虚弱或者维生素缺乏的奶牛，当关节受到外力作用下，也可能发生习惯性脱位。

病理性脱位是关节与附属器官出现病理性异常时，加上外力作用引发的脱位。这种情况分以下4种：因发生关节炎，关节液积聚并增多，关节囊扩张而引起扩延性脱位；因关节损伤或者关节炎，使关节囊及关节的加强组织受到破坏，出现破坏性关节脱位；因变形性关节炎引发变形性关节脱位；由于控制固定关节的有关肌肉弛缓性麻痹或痉挛，引起麻痹性脱位。

【症状】关节脱位的共同症状包括关节变形、异常固定、关节肿胀、肢势改变和跛行。

关节变形：因构成关节的骨端位置改变，使正常的关节部位出现隆起或凹陷。

异常固定：因构成关节的骨端离开原来的位置被卡住，使相应的肌肉和韧带高度紧张，关节被固定不动或者活动不灵活，他动运动后又恢复异常的固定状态，带有弹拨性。

关节肿胀：由于关节的异常变化，造成关节周围组织受到破坏，因出血、形成血肿及比较剧烈的局部急性炎症反应，引起关节的肿胀。

肢势改变：呈现内收、外展、屈曲或者伸张的状态。

运动障碍：伤后立即出现。由于关节骨端变位和疼痛，患肢发生程度不同的运动障碍。

由于脱位的位置和程度的不同，上述症状会有不同的变化。在诊断时要根据视诊、触诊、他动运动作出诊断。

（一）髋关节脱位

【病因】在奶牛最为常见。奶牛的髋关节窝浅、股骨头的弯曲半径小、髋关节韧带（尤其是圆韧带、副韧带）薄弱是主要内因，有些牛没有副韧带。

奶牛常发生在人工助产后，由于在助产时不恰当用力牵拉胎儿，而导致髋关节脱位；或站立分娩的牛在助产过程中，奶牛突然倒地而发生髋关节脱位；奶牛在修蹄车上粗暴的保定，特别是将后肢无限度的抬高保定或大幅度的外展保定，也可能引起髋关节脱位。

【症状】髋关节脱位的类型：当股骨头完全处于髋臼窝之外时，是全脱位；股骨头与髋臼窝部分接触时，是不全脱位。根据股骨头变位的方向，又分为前方脱位、上方脱位、内方脱位和后方脱位。

奶牛的髋关节脱位常并发韧带断裂或股骨头骨折，不能站立，勉强站立后，出现重度跛行，患肢不能负重。

在发生髋关节脱位的同时，股骨头的圆韧带也发生断裂，这是髋关节脱位后关节难以复位与关节复位后难以固定的原因。

髋关节脱位的牛站立时以蹄尖着地，重度跛行，通过直肠检查用手触诊髋臼窝，另一人抬起患病后肢上下晃动后肢，直肠内的手即可感到有明显的股骨头的碰撞音（图4-25）。

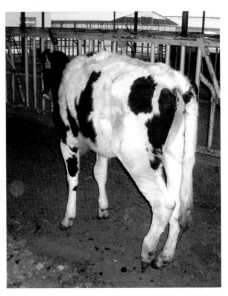

图4-25 奶牛髋关节脱位的站立姿势

髋关节脱位的股骨头移位的方向不同，患肢的跛行表现也不同。奶牛最常见于前上方脱位和后方脱位。

1. 前上方脱位 股骨头移位于前上方，患肢变短，股骨几乎呈直立位置，病肢外展，两侧大转子不对称，病肢大转子向前向外突出，运步时患肢拖拉前进或三脚跳行。他动运动可听到股骨头和髂骨的摩擦音（图 4-26、图 4-27）。

图 4-26　奶牛右后肢髋关节前上方脱位　　图 4-27　奶牛左后肢髋关节前
　　　　　　　　　　　　　　　　　　　　　　　　　　　　上方脱位

2. 后方脱位　股骨头移位于坐骨外支下方，奶牛站立时病肢向侧方叉开，病肢比健肢长，运步时呈三脚跳或病肢以蹄尖接地拖拉前进（图 4-28、图 4-29）。

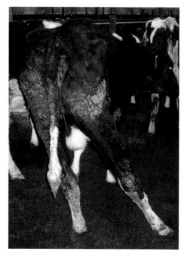

图 4-28　奶牛右后肢髋关节后方　　图 4-29　奶牛右后肢髋关节后方脱位
　　　　　　脱位

3. 内方脱位　股骨头移位于耻骨横支下方或移位于闭孔内，这两种移位都使患肢变短，患肢不能负重，只能以蹄尖着地。

4. 外上方脱位　股骨头移位于髋臼上方，患肢显著缩短，呈内收和伸展姿势，肢的跗关节比对侧高数厘米。髋关节处外形改变，大转子的轮廓变得明显，运步时患肢拖拉并向外划弧。

【诊断】髋关节的脱位，可以通过直肠检查，结合对患肢的他动运动进行诊断，或一手放于髋关节处，另一人抬起患肢进行他动运动，压在髋关节处的手感觉有无骨摩擦音（图4-30、图4-31）。

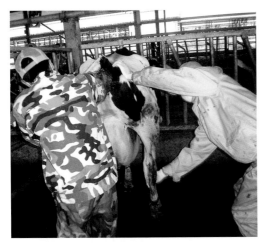

图 4-30 奶牛髋关节脱位的直肠检查

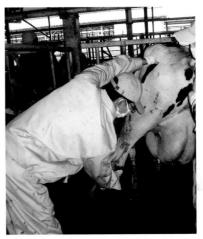

图 4-31 奶牛左后肢髋关节脱位的检查

【治疗】到目前为止，奶牛髋关节的完全脱位还没有整复与固定后不再复发的成功病例。髋关节脱位并发股骨头骨折的成乳牛，应列为淘汰范围；股骨头的不完全脱位，如果没有并发关节囊、韧带的损伤，也很难得到令人满意的整复效果。在规模化奶牛场，兽医人员在确定了髋关节脱位后，对髋关节不完全脱位的牛，可通过注射非甾体抗炎药，以减轻奶牛的疼痛和炎症的发展。有些病例没有经过治疗，当肿胀逐渐消退后，患关节可以恢复到一定的程度，但是会遗留比较明显的功能障碍。

（二）髌骨（膝盖骨）脱位

奶牛的膝盖骨脱位偶有发生。有外伤性脱位和习惯性脱位。根据膝盖骨的变位方向有上方脱位、外方脱位及内方脱位，奶牛以上方和习惯性脱位为多见，多为一后肢发病。

【病因】营养状态不良，特别是具有维生素D缺乏症的牛，可能引起关节、韧带的松弛，易发生髌骨的上方脱位；奶牛在黏腻的挤奶通道上的滑倒、跳跃、撞击等，由于股四头肌的异常收缩，常能引起膝盖骨上方脱位。另外，在膝盖内直韧带或膝盖内侧韧带剧伸和撕裂、慢性膝关节炎等病理状态下均能引起膝盖骨外方脱位，当外侧韧带断裂时，则可能发生内方脱位。

【症状】

1. 膝盖骨上方脱位 奶牛突然发生跛行，运动时患病后肢向后方伸直，膝关节、跗关节及球节都处于伸展状态，患肢不能屈曲，以蹄前壁着地拖曳前进。如果在运动中突然发出复位声，脱位的膝盖骨自然复位，恢复正常肢势。但在运动中经常出现髌骨上方移位的症状，又经常恢复正常的运步状态，如此反复发作。再发间隔时间不定，有的仅间隔几步，有的时间长些。这种称为习惯性髌骨上方脱位。如果发生脱位后一直处于脱位状态，则称为稽留性髌骨上方脱位。

髌骨上方脱位病的发生是髌骨移位到股骨滑车面的上方，被异常固定于股骨内侧滑车嵴的顶端，内直韧带高度紧张，患病后肢不能屈曲，又称为膝盖骨垂直脱位。站立时大腿、小腿强直，呈向后伸直姿势，膝关节、跗关节完全伸直而不能屈曲，以蹄前壁着地（图4-32至图4-35）。

图4-32　右后肢髌骨上方脱位（侧面观）

图4-33　左后肢髌骨上方脱位（后面观）

图4-34　左后肢髌骨上方脱位

图4-35　左后肢髌骨上方脱位

2. 外方脱位　因外力作用引起膝内直韧带受牵张或断裂，膝盖骨向外方脱位。站立时膝、跗关节屈曲，患肢向前伸，以蹄尖轻轻着地。运动时除髋关节能负重外，其他关节均高度屈曲，表现支跛。跛行状态类似于股四头肌麻痹症状。触诊膝盖骨局部，其正常原位出现凹陷，同时膝直韧带向上外方倾斜（图4-36、图4-37）。

图 4-36　右后肢髌骨外方脱位（侧面观）

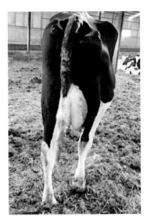

图 4-37　右后肢髌骨外方
脱位（后面观）

3. 内方脱位　因股膝外侧韧带断裂，膝盖骨固定于膝关节的上内侧方，膝直韧带向上内方倾斜。

【诊断】应注意牛的膝盖骨上方脱位与股二头肌转位的鉴别诊断。股二头肌转位时，患肢伸展程度比较小，膝盖仍保持活动性，膝盖骨韧带也不甚紧张。明显摸到突出的大转子。这些症状在膝盖骨上方脱位时不出现。

预后：损伤性膝盖骨上方脱位时，如及时整复，预后尚可。外方及内方脱位时，预后不定，常为不良。习惯性脱位，经治疗预后多良好。

【治疗】稽留性上方脱位，可给病牛注射肌松剂后强迫使其急速侧身后退或直向后退，脱位的膝盖骨可自然复位。应耐心地反复做如上动作。如确实不能整复，再改为手术疗法。

牛后肢膝盖骨上方脱位内直韧带切断术，病牛侧卧保定于修蹄台上。如果是右后肢髌骨上方脱位，则将奶牛全身麻醉后保定于铺有垫草的地面上，患肢在下位。术部剃毛消毒。局部用0.5%盐酸普鲁卡因或0.5%利多卡因进行浸润麻醉。用手触诊股骨滑车内侧嵴，然后再触诊胫骨结节，二者连一条直线，切口在这条直线的中点。第二种选择切口的方法是先确定胫骨结节，可摸到软骨样棒状内直韧带。在胫骨结节稍上方内直韧带与中直韧带之间沟内，做一4~5cm的皮肤纵切口，切开皮下组织、浅筋膜。用手指触诊膝内直韧带，用弯止血钳在膝内直韧带与膝中直韧带之间插入，止血钳紧贴膝内直韧带下方，由膝内直韧带对侧穿出，张开止血钳，使膝内直韧带充分暴露，手术刀切断膝内直韧带，此时，髌骨即可复位。抽出止血钳，创内撒布青霉素药粉，缝合筋膜和皮肤。手术中注意勿伤关节囊。

对习惯性脱位，可沿弛缓的韧带的皮下注入25%葡萄糖30~40mL，也有的用90℃液体石蜡沿弛缓的韧带的皮下注入，注射5~8mL，以促进疤痕组织的形成，加强韧带的固着。也有的用削蹄疗法，即切削患肢的外侧蹄负面，蹄壁多切削，蹄尖壁少切削，使蹄负面形成内高外低的倾斜状态。患肢在运动时可表现内向捻转步样，对外侧蹄负面倾斜度的切削应分数次逐渐调整，直至机能障碍消失。

第五节　关节创伤

关节创伤指各种不同外界因素作用于关节囊，引起关节囊的开放性损伤。多发生于系关节、腕关节和跗关节，并多损伤关节的前面和外侧面。

【病因】锐利物体的致伤，如奶牛跌倒在粪道上，受到刮粪板棱角的损伤；滑倒在粪道上的奶牛受到刮粪板钢丝绳的损伤；推粪车的碰撞。

【症状】根据关节囊的穿透有无，分为关节透创和非透创。

1. 关节非透创　轻者关节皮肤破裂或缺损、出血、疼痛，轻度肿胀（图4-38）。严重者皮肤及关节囊出现缺损，暴露关节腔（图4-39）。有的在创口的下方形成创囊，内含挫灭坏死组织和异物，容易引起感染（图4-40）。有时甚至关节囊的纤维层遭到损伤，同时损伤腱、腱鞘或黏液囊。新鲜的关节透创，除具有新鲜创伤的特点外，还会从创口内流出淡黄色的、黏稠的滑液。关节透创发生后，一般随之表现不同程度的跛行。

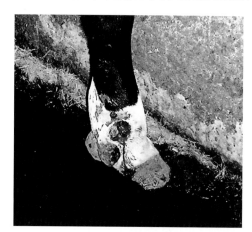

图4-38　球关节非透创

图4-39　腕关节透创，腕前部的皮肤缺损

图4-40　腕关节内侧非透创，皮下有创囊

2. 关节透创　特点是从伤口流出黏稠透明、淡黄色的关节滑液，有时混有血液或由纤维素形成的絮状物。滑液流出状态因损伤关节的部位及伤口大小不同，表现也不同。活动性较大的跗关节胫距囊有时因挫创损伤组织较重、伤口较大，滑液持续流出；当关节因刺创，组织被破坏的比较轻，关节囊伤口小，伤后组织肿胀压迫伤口，或纤维素块的堵塞，只有他动运动屈曲患关节时，才流出滑液。一般关节透创病初无明显跛行，严重挫创时跛行明显。跛行常为悬跛或混合跛行。如伤后关节囊伤口长期不闭合，滑液流出不止，抗感染力降低，则出现感染症状。临床常见的关节创伤感染为化脓性关节炎和急性腐败性关节炎。

急性化脓性关节炎：关节及其周围组织广泛的肿胀疼痛、水肿，从伤口流出混有滑液的淡黄色脓性渗出物，触诊和他动运动时疼痛剧烈。站立时以患肢轻轻负重，运动时跛行明显。病畜精神沉郁，体温升高，严重时形成关节旁脓肿。有时并发化脓性腱炎和腱鞘炎。

急性腐败性关节炎：发病迅速，患关节表现急剧的进行性浮肿性肿胀，从伤口流出混有气泡的污灰色带恶臭味稀薄渗出液，伤口组织进行性变性坏死，患肢不能活动，全身症状明显，精神沉郁，体温升高，食欲废绝。

【诊断】为了鉴别有无关节囊和腱鞘的损伤，可对关节、腱鞘进行穿刺并注入带色消毒液，如从关节囊伤口流出药液，证明为透创。诊断关节创伤时，忌用探针检查，以防污染和损伤滑膜层。

【治疗】治疗原则：防治感染，增强抗病力，及时合理地处理伤口。

创伤周围皮肤剃毛、清洗，用 5% 的碘酊消毒。

1. 伤口处理

（1）对新发生的关节透创　要彻底清理伤口，切除挫灭的组织，清除创内的异物及游离软骨片，消除伤口内盲囊，用生理盐水青霉素液冲洗关节创。冲洗关节腔的方法是由伤口的对侧向关节腔穿刺注入，禁忌由伤口直接向关节腔冲洗，以防止污染关节腔。关节囊创口不整齐的或创内污染严重的，经彻底清创后，创口不缝合，创内撒布青霉素，然后用无菌纱布覆盖创面，再用绷带包扎受伤关节。

凡关节透创的创口整齐的，关节透创的创面经清创后，创内撒布青霉素，用肠线或丝线缝合关节囊，然后包扎绷带，或包扎有窗的石膏绷带，以便于术后观察关节透创的愈合情况。

术后全身应用抗生素，要注意奶牛体温的变化和关节创口局部的变化，一旦出现缝合的创口严重肿胀、渗出和体温升高等症状，要采取拆开缝合线，排除创内的渗出液，畅通引流，创伤定期换药等措施，使创伤完成二期愈合。

（2）对陈旧伤口的处理　已发生感染化脓时，要除去坏死组织，用生理盐水青霉素液穿刺洗涤关节腔，清除异物、坏死组织和骨的游离碎片，创内覆盖浸有碘甘油纱布敷料，再用卷绷带包扎受伤关节。术后每隔 2 天换药 1 次，直至感染被控制，创口可二期愈合。

2. 关节透创的治疗　除局部进行创伤处理以外，为防止关节内的感染，要用抗生素进行全身治疗，尽早使用抗生素疗法、磺胺疗法、普鲁卡因封闭疗法、碳酸氢钠疗法等。

第六节　奶牛滑膜炎

滑膜炎是关节囊滑膜层的渗出性炎症，是奶牛常见的疾病，且以慢性滑膜炎为多见。

一、浆液性滑膜炎

浆液性滑膜炎的特点是不并发关节软骨损害的关节滑膜炎症。临床常见的有跗关节及系关节的急性和慢性滑膜炎。

引起该病的主要原因是卧床太硬，较常见于铺垫老化的橡胶垫卧床上饲养的奶牛，也有的是铺垫沙、沼渣、锯末的卧床，由于垫料太少，奶牛卧于硬的床面上，关节长期受到卧床的摩擦而发生滑膜炎。在关节捩伤、挫伤和关节脱位的情况下都能并发滑膜炎；牛在不平的挤奶通道上，每天 3～4 次地往返于牛舍与挤奶厅的路上，牛的关节囊容易受损而发生滑膜炎；某些传染病（流行性感冒、布氏杆菌病）的并发病，急性风湿病也能引起关节滑膜炎。

本病的特点是滑膜充血，滑液增量及关节的内压增加和肿胀。急性炎症病初滑膜及绒毛充血，肿胀，滑膜的浆液渗出物增多，以后关节腔内存有透明或微浑浊的浆液性渗出物，有时浆液中含有纤维素片。在关节发生挫伤或捩伤时，滑液可能有血红色。

由于引起奶牛滑膜炎的病因不能去除，关节滑膜层反复受到不良因素的刺激，则容易引起慢性滑膜炎（图 4-41、图 4-42）。大型规模化牧场奶牛的关节滑膜炎不是由急性滑膜炎引起，而是逐渐发生的。

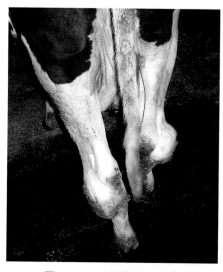

图 4-41　跗关节慢性滑膜

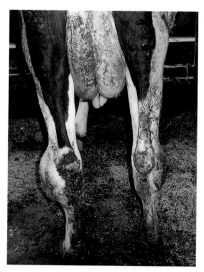

图 4-42　跗关节慢性滑膜炎

慢性关节滑膜炎多发生于牛的跗关节。

慢性过程的特点是关节的纤维囊增殖肥厚，滑膜丧失光泽，绒毛增生肥大、柔软，呈灰白色或淡蓝红色。关节囊膨大，贮留大量渗出物，微黄透明，或带乳光，黏度很小，有时含有纤维蛋白丝，渗出物量多至原滑液的 15 ~ 20 倍（图 4-43），其中含有少量淋巴细胞、分叶核白细胞及滑膜的细胞成分。

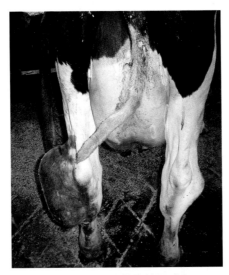

图 4-43　跗关节慢性滑膜炎

【症状】

1. 急性浆液性滑膜炎　关节腔积聚大量浆液性炎性渗出物，或因关节周围水肿，患关节肿大，热痛，指压关节憩室突出部位感到明显波动。渗出液含纤维蛋白量多时，有捻发音。他动运动患关节明显疼痛。站立时患关节屈曲，免负体重。两肢同时发病时交替负重。运动时，表现以支跛为主的混合跛。一般无全身反应。

2. 慢性浆液性滑膜炎　关节腔蓄积大量渗出物，关节囊高度膨大。触诊有波动，无热痛。临床称此为关节积液。他动运动屈伸患关节时，因积液串动，关节外形随之改变。一般病例无明显跛行，但在运动时患关节活动不灵。还由于流体动力的影响，关节屈伸缓慢，容易疲劳。如积液过多时，常引起轻度跛行。

【治疗】治疗原则：制止渗出，促进吸收、排出积液、恢复功能。

急性浆液性滑膜炎时，病畜安静。为了镇痛和促进炎症转化，可使用 2% 利多卡因溶液 15 ~ 25mL 患关节腔注射，或 0.5% 利多卡因青霉素关节内注入。也可用安德烈斯绷带包扎，应用方法见关节挫伤部分。

对慢性滑膜炎，关节积液过多，可先进行关节穿刺抽液（图 4-44），同时向关节腔注入盐酸利多卡因青霉素溶液，包扎压迫绷带。

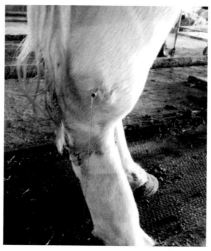

图 4-44　奶牛跗关节滑膜炎的穿刺

可的松利多卡因青霉素关节内注射疗法，对于急、慢性滑膜炎的治疗效果都好。常用醋酸氢化可的松 2.5～5mL 加青霉素 100 万 IU，配以 0.5% 盐酸利多卡因溶液 25～30mL，注射到患病关节内，隔日一次，连用 3～4 次。在注药前先抽出渗出液适量（40～50mL），然后注药。

二、化脓性滑膜炎

化脓性滑膜炎是犊牛最常见的关节病之一，在成乳牛也有发生。犊牛化脓性滑膜炎的发病日龄一般为 15～30 日龄（图 4-45、图 4-46），具有明显的传染性，常见的病原菌有肺炎链球菌、沙门氏菌、巴氏杆菌、大肠杆菌等。支原体感染引起的关节炎一般都是增生、坏死性关节炎。化脓性关节炎一般有明显的全身症状，诊断与治疗用药不当，可引起死亡。

图 4-45　犊牛传染性关节炎

图 4-46　犊牛传染性关节炎

炎症的初发阶段，关节弥漫性肿胀，热痛明显，跛行严重，犊牛多卧地不起，吃奶减少，抵抗力下降。由于引起关节感染的致病菌不同，感染的症状也有很大的区别。一般来说支原体性关节炎，感染可使关节滑膜层、关节软骨及关节囊纤维层都出现组织增生与干酪样坏死状态，但化脓现象不明显，因而对关节进行穿刺难以抽出脓液（图4-47、图4-48）。

图4-47　犊牛髋关节圆韧带坏死

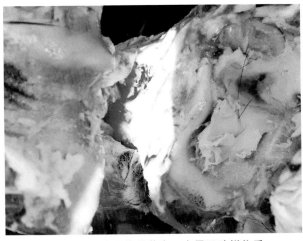

图4-48　支原体关节炎，大量干酪样物质

链球菌、大肠杆菌、沙门氏菌及巴氏杆菌感染引起的化脓性关节炎，感染的范围是关节的滑膜层化脓，而关节囊的纤维层没有化脓，引起关节内蓄脓。可看到关节囊膨大，触诊关节囊有明显的波动。对化脓的关节穿刺可抽出脓液（图4-49），对脓液进行细菌学检验，可确定细菌感染的类型。临床所见的关节化脓感染多为此种类型。但是，由于引发原因、组织损伤的程度、病原菌的种类和毒力、机体抗感染的能力及治疗效果等的不同，关节感染化脓的程度也不同。如若病势不断发展，可能感染侵害关节纤维层和韧带（化脓性关节囊炎）、软骨和骺端（化脓性全关节炎），则往往并发关节周围组织的化脓性炎症、骨髓炎等，或在早期阶段消灭感染恢复正常，或引起全身化脓性感染。

图4-49　犊牛化脓性关节炎的关节
穿刺诊断

【病因与病理】犊牛化脓菌引起的关节内感染。大多与接产时的脐带消毒不好有关，也有因喂没有消毒的初乳和喂巴斯消毒不好的常乳引起。奶桶及水桶的污染都是引发犊牛化脓性滑膜炎的原因。

成乳牛的化脓性滑膜炎，大多为关节创伤感染引起（图4-50），或奶牛发生了乳房炎和子宫炎，病灶内的细菌经血行途径转移到关节内引起化脓，常见于奶牛的败血症所引起的多发性化脓性关节炎。

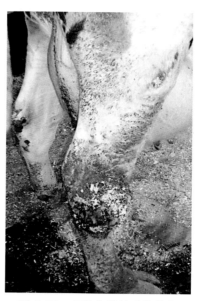

图4-50　奶牛化脓性跗关节炎

病初首先是化脓性滑膜炎，滑膜和滑膜下层充血，渗出液增多，内含大量白细胞，最后脓性渗出物大量积聚于关节腔内。关节纤维层肿胀，关节周围蜂窝组织出现炎性水肿和脓性浸润，关节囊内蓄积大量脓液。脓液的性状因细菌感染的类别不同而不同。有的稠度呈乳脂样，有的稀薄。脓液中含有各种分叶核白细胞、变性的滑膜细胞、黏液及大量的细菌。关节囊受到关节腔内脓液的压迫而发生坏死、破溃，排出脓液。如果脓液不能排除，则化脓性炎症可进一步引起软骨的破坏和剥离，关节面的破坏，甚至出现脓毒败血症。

【症状】化脓性滑膜炎比浆液性滑膜炎的症状剧烈，并有明显的全身反应，体温升高（39℃以上），精神沉郁，食欲减少或废绝。患关节热痛，肿胀，关节囊高度紧张、有波动。站立时患肢屈曲，运动时呈混合跛行，严重时卧地不起。

【治疗】治疗原则是早期控制与消除感染，及时排出关节内脓液，减少吸收，提高抗感染能力。

犊牛的化脓性关节炎，在没有确诊感染的细菌类型前，要用广谱抗生素治疗，要有两种抗生素的联合应用。最常用的抗生素为喹诺酮类和头孢类抗生素的联合用药。其次，为了消除动物的疼痛和消除炎症，要用非甾体抗炎药，如美洛昔康或氟尼辛葡甲胺。

感染不能控制时，关节内的化脓不可避免，当关节内出现蓄脓时，用手触诊关节囊出现波动，即可切开关节囊，排除关节囊内蓄积的脓液。为了确诊关节囊是否蓄积脓液，可对关节进行穿刺诊断，当穿刺针内流出脓液时，即可确定做关节囊的切开排除脓液。排除脓液时，禁忌用手挤压关节囊，让其自然流出，然后用生理盐水冲洗关节腔，最后向关节囊内灌注生理盐水青霉素溶液，经反复冲洗后，关节腔内灌注油剂青霉素，并包扎保护绷带，以后每隔 1~2 天换药一次，直至创口愈合。在关节囊切开排脓的同时，要继续使用抗生素治疗，可大大提高化脓性关节炎的治愈率。

由支原体感染引起的犊牛关节炎，关节囊内没有蓄脓，关节内组织的病理变化以坏死、细胞增生为主，因而对关节穿刺是抽不出脓液的。犊牛支原体关节炎的治疗，比较有效的药物为拜有利、头孢类抗生素，磺胺类药一般无效，要早期诊断与早期用药，并配合非甾体抗炎药的应用，方可有希望治愈。

在治疗中注意全身疗法，广泛使用抗菌、强心、利尿及健胃剂。

对病牛加强护理，对起立困难、卧地的牛，注意预防褥疮的发生。对卧地不能起立的牛，要有专人护理，保证饲草、饮水的供给，要注意给牛铺垫垫草，严防褥疮发生。

第七节　腱与腱鞘的疾病

腱由多束胶原纤维束所构成。腱的机能是能传导来自肌肉的运动和固定有关的关节。指浅屈肌腱和指深屈肌腱在肌腹之下方各有其副腱头，固定于前臂和掌部，构成肢体稳定的弹性装置，以加固系骨和系关节的正常位置而支撑体重。腱的活动要比任何组织都大。腱在通过关节和骨处，具有方便其实现机能活动的黏液囊和腱鞘。腱鞘构成囊状的滑膜鞘包在腱外，由纤维层与滑膜层两层所构成。纤维层位于外层，坚固致密，起固定腱位置的作用。滑膜层在内，由双层围成筒状包于腱外。在滑膜层脏、壁两层折转处有腱系膜联系，为神经、血管、淋巴管的通路。在两层滑膜间的滑膜腔中有扁平上皮状结缔组织细胞，能分泌滑液，当腱鞘发病时，滑膜液增多。

奶牛四肢的腱及腱鞘常发生的疾病有后肢的跟腱化脓和趾外侧伸肌腱的腱鞘炎，有时发生屈腱腱断裂。

一、跟腱化脓

跟腱化脓是奶牛最常发生的疾病之一，这种病完全是由于卧床管理不良引起的一种疾病。在卧床垫料不足的情况下，奶牛卧于缺乏垫料的卧床上，后肢跟骨头接触卧床的坎墙，无论是在卧下还是在奶牛起立时，后肢的跟骨头都要碰撞坎墙，从而引起跟骨头局部皮肤的挫伤，久而久之，跟腱发生慢性增生性炎症，有的引起跟骨头的出血，有的引起跟腱的化脓等（图 4-51 至图 4-54）。

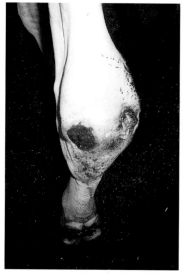
图 4-51　跟骨头皮肤与跟腱化脓

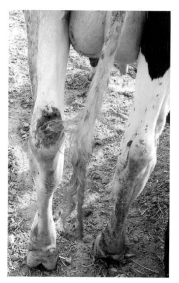
图 4-52　跟骨头及跟腱化脓

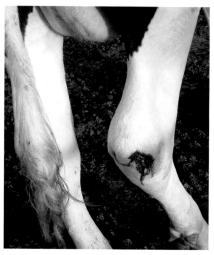
图 4-53　右后肢跟腱肿胀、皮肤感染

图 4-54　右后肢跟腱炎
与跟骨头处出
血

　　跟腱及跟骨头处的皮肤受到坎墙的碰撞与摩擦，引起皮肤的溢血、渗出，细菌经皮肤小的创口侵入体内，引起皮下及跟腱的肿胀、感染、化脓，脓液蓄积到跟腱二侧的疏松组织内，压迫周围组织，使坏死化脓范围越来越大。奶牛表现重度跛行，采食量降低，产奶量下降。

　　【治疗与预防】跟腱及跟骨头的感染过程一般是渐进性的慢性过程，发病初期往往不被人所注意，当出现跛行后才发现跟腱与跟骨头处肿胀、感染、化脓。为此，兽医要加强巡栏，早期发现跟腱感染的病牛。挤奶厅是发现跟腱及蹄部是否有病的最好场所，兽医要定期到挤奶厅观察奶牛的后肢跟腱和跟骨头是否发生感染，观察蹄部是否异常，以便及时挑出肢蹄病牛。

对发病初期的跟腱和跟骨头的炎症，要用碘酊消毒跟腱和跟骨头，然后对局部包扎安得列斯绷带，并应用抗生素和非甾体抗炎药，以消除跟腱和跟骨头的感染和促进炎症的消退。

当跟腱和跟骨头感染不能控制时，跟腱与跟骨头的皮下和周围疏松组织内就出现弥漫性化脓性炎症，跟腱周围积存大量的脓液、坏死组织及蛋白凝块，发病时间长的牛，在跟腱的一侧常常形成化脓性瘘管，不时地向外排出脓液。如果对这种化脓性感染不处理，跟腱与跟骨头周围的感染与化脓就会越来越严重（图4-55）。在有化脓性瘘管不时向外排脓的病例，瘘管口处常常有恶性肉芽向外膨出，手术器械触及恶性肉芽组织时则引起肉芽组织的出血，在处理这种化脓性感染创病例时，需要做好止血的准备。

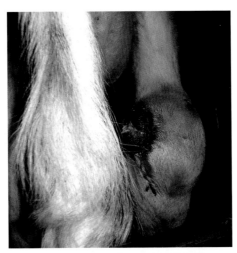

图 4-55　右后肢跟腱化脓性瘘管

临床上更多见的病例是跟腱及跟骨头处的化脓引起局部皮肤的大面积干性坏死，干性坏死的皮肤固着在跟骨头及其两侧，而皮肤干性坏死物的下方蓄积了大量的脓液，局部肿胀、变形。

跟腱感染化脓的处理方法：

（1）病牛上修蹄台保定，也可进行全身麻醉侧卧保定。

（2）对患病的跟腱皮肤清洗与消毒。

（3）跟腱及跟骨头处皮肤发生干性坏死的，要用手术刀或手术剪切除，彻底排出皮下及跟腱周围的坏死组织及脓液。

（4）对具有化脓性瘘管的，要切除瘘管壁，扩大切口，排出跟腱周围的坏死组织与脓液，消除创囊，必要时做对口切开。

（5）用3%双氧水冲洗创内，再用生理盐水冲洗创内。

（6）用浸有魏氏流膏的无菌纱布条填塞到创内，外包扎绷带。以后每隔2~3天换药一次，直至痊愈。

二、腱鞘炎

奶牛的腱鞘炎多发生在后肢。常发生的腱鞘炎有后肢跗部的趾外侧伸肌腱腱鞘炎（图4-56）和球节处的指（趾）部的腱鞘炎。

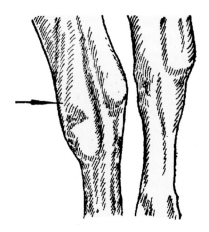

图 4-56　趾外侧伸肌腱腱鞘炎

【病因与病理】

机械性损伤：如挫伤、压迫，腱的过度牵张，保定不当。

感染：布鲁氏菌病、结核病、周围组织炎症及化脓性关节炎的蔓延。

腱鞘受机械性损伤后，腱鞘壁和腱系膜的血管被破坏，在腱鞘腔、腱鞘壁及其周围的软组织内出血，代谢紊乱，以致在腱鞘壁及其周围结缔组织中发生无菌性炎症。被损伤的组织中充满渗出液，腱鞘腔内积聚大量渗出液与滑液，呈黏稠的红黄色，有时血液和渗出液同时进入腱鞘腔内，并有絮状纤维素沉降于腱鞘下部。当转为慢性过程后，腱鞘的纤维层外壁肥厚，滑膜层的绒毛形成纤维性增生物，呈肉芽组织样构造，严重时腱鞘各层互相粘连，腱的活动性降低。周围结缔组织高度增殖，有的病例常因腱鞘组织中钙盐沉积，引起腱及腱鞘的骨化。

腱鞘创伤侵入病原菌时，腱鞘腔内化脓，滑膜层内皮脱落，腱鞘内壁形成肉芽组织，常因治疗不及时而最终导致穿孔。

【症状】腱鞘炎分非化脓性和化脓性腱鞘炎。

1. 非化脓性腱鞘炎　又分为急性腱鞘炎和慢性腱鞘炎。

（1）急性腱鞘炎　根据炎性渗出物性质分为浆液性、浆液纤维素性和纤维性腱鞘炎。①急性浆液性腱鞘炎较多发。腱鞘内充满浆液性渗出物，有的在皮下呈索状肿胀，温热疼痛，有波动。有时腱鞘周围出现水肿，患部皮肤肥厚；有时与腱鞘粘连，患肢机能障碍。②急性浆液纤维素性腱鞘炎。渗出物中有纤维素凝块，因此患部除有波动外，在触诊和他动患肢时，可听到捻发音，患部的温热疼痛和机能障碍都比浆液性严重。有的病例渗出液或纤维素过多，不易被吸收。

（2）慢性腱鞘炎　同急性经过，亦分为三种。①慢性浆液性腱鞘炎。常自急性型转变而来或慢性渐进地发生。滑膜腔膨大、充满渗出液、有明显波动，温热疼痛不明显，跛行较轻（图4-57、图4-58）。②慢性浆液纤维素性腱鞘炎。腱鞘各层粘连，腱鞘外结缔组织增生肥厚，严重者并发骨化性骨膜炎。患部仅有局限的波动，有明显的温热疼痛和跛行。③慢性纤维素性腱鞘炎。滑膜腔内渗出多量纤维素，因腱鞘肥厚、硬固而失去活动性，轻度肿胀，温热，疼痛，并有跛行。触诊或他动患肢时，表现明显的捻发音，纤维素越多，声音越明显。病久常引起肢势与蹄形的改变。

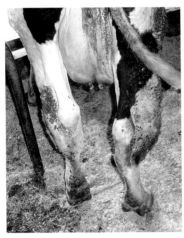
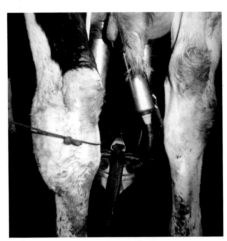

图4-57　右后肢慢性趾外侧伸肌腱腱鞘炎　　图4-58　左后肢趾外侧伸肌腱腱鞘炎

2. 化脓性腱鞘炎　分急性经过和亚急性经过。滑膜感染初期为浆液性炎症，患部充血和敏感，如有创伤，流出黏稠含有纤维素的滑液。经2～3天后，变为化脓性腱鞘炎，病畜体温升高，疼痛，跛行剧烈。如不及时控制感染，可蔓延到腱鞘纤维层，引起蜂窝织炎，出现严重的全身症状。表现严重的跛行并有剧痛，进而引起周围组织的弥散性蜂窝织炎，甚至继发败血症。有的病例引起腱鞘壁的部分坏死和皮下组织形成多发性脓肿，最终破溃。病后往往遗留下腱和腱鞘的粘连或腱鞘骨化。

【治疗】以制止渗出、促进吸收、消除积液、防治感染和粘连为治疗原则。

急性炎症初期，在病初可用安得列斯绷带包扎，以减少炎性渗出，镇痛与消炎，并减少病畜的运动。

在炎症的急性期，可对腱鞘进行穿刺，排除腱鞘内渗出液，同时注入1%盐酸普鲁卡因青霉素10～50mL，并打压迫绷带。间隔2～3天后，再穿刺抽液一次，穿刺后向关节内注射盐酸普鲁卡因、青霉素溶液，同时要包扎压迫绷带。

也可以应用醋酸泼尼松龙150～200mg加青霉素100万～400万IU，加1%盐酸普鲁卡因10～15mL，注入腱鞘内，每3～5天注射一次，连用2～4次。

如腱鞘腔内纤维凝块过多而不易分解吸收时，可手术切开排除，切开部位应在腱鞘的下方。注意防止局部感染。

对化脓性腱鞘炎，要切开排脓，清除坏死组织，使用盐酸普鲁卡因青霉素溶液冲洗，创内填塞抗生素软膏纱布条引流，每隔 2～3 天换药一次，直至痊愈。

三、腱与肌肉的断裂

腱与肌肉的断裂指腱与肌肉的连续性被破坏而发生分离。奶牛临床上常见屈腱断裂、跟腱断裂，以及腓肠肌的断裂。按病因可分外伤性腱、肌肉的断裂和症候性腱、肌肉的断裂，前者又可分为非开放性腱、肌肉的断裂和开放性腱、肌肉的断裂；按损伤程度可分部分腱、肌肉的断裂，不全腱、肌肉的断裂和全断裂。腱与肌肉的全断裂多发生于肌肉与肌腱的移行部位或腱的骨附着点。

【病因】①屈肌腱的断裂常因刀及铲等锐利物体所致；②由于腱疾病而使腱弹性丧失、腱坏疽和化脓，均可继发跟腱断裂；③滑倒、跌倒或奶牛发情时的爬跨，引起后肢腱的断裂；④当粪道积粪过多时，奶牛行走时后肢用力过多，或母牛在站立分娩时均可引起腱断裂。

【症状】腱、肌肉的断裂共同症状是患腱弛缓，断裂部位缺损，又因溢血和收缩，断端肿胀，断裂部位有温热和疼痛，并有跛行。开放性腱断裂，常感染化脓，并发化脓性腱鞘炎，预后不良。患肢功能障碍，有的表现异常肢势。征候性腱断裂，伴有原发病的体征。

（一）屈腱断裂

1. 指（趾）深屈肌腱断裂　皮下屈腱断裂以指（趾）深屈肌腱为最多。开放性断裂多在掌部或系凹部。完全断裂时，突然呈现支跛。驻立时以蹄踵或以蹄球着地，蹄尖翘起，系骨呈水平位置。运动时，患肢蹄摆动，以蹄踵和蹄球着地，球节高度背屈、下沉，后方短步。断裂发生于蹄骨附着部位时，系凹蹄球间沟部热痛肿胀，腱明显弛缓。如发生于球节下方时，则可触到断端裂隙及热病性肿胀。如与指（趾）浅屈肌腱同时断裂，则蹄尖的翘起更明显（图4-59）。

图4-59　趾浅、趾深屈肌腱断裂

2. 指（趾）浅屈肌腱断裂　完全断裂时，突发支跛。驻立时，以蹄尖着地减轻负重。运动时，患肢着地负重的瞬间球节显著下沉，蹄尖稍离地而翘起。触诊冠骨上端两侧腱的附着点或球节上方的掌后侧，可摸到腱的断裂痕和疼痛性肿胀及温热（图 4-60）。

图 4-60　趾浅屈肌腱断裂

悬韧带断裂：单独发生的较少，常发生于分支处。病后突发支跛，患肢负重时，球节明显背屈、下沉，但蹄尖并不向上翘，患肢蹄负面可全部着地。悬韧带完全断裂时，患肢负重时球节下沉，以蹄踵着地，蹄尖翘起稍离地面。如断裂发生在两个分支处，局部有疼痛性肿胀。如并发籽骨骨折，可听到骨摩擦音。

治疗时，非开放性腱断裂一般不用缝合，可用石膏绷带固定，以加强固定，保持腱断端密接，经 2 个月后腱端可愈合。

开放性断裂，如腱断裂整齐，组织没有挫灭，也没有水肿，污染也不很严重时，可缝合腱断端。在无菌手术操作下，扩开创口，彻底消毒后进行缝合。缝合腱的缝合材料用不吸收缝线比肠线好，因不吸收缝线，组织反应小，合成纤维缝合材料拉力强，韧性也好，可用作缝合材料。缝合后配合外固定。

腱的缝合：为促进断端愈合，特别是鞘内创伤开放性腱断裂时，腱的缝合更为必要。腱在断裂后因肌肉的强力收缩，使腱的断端向两端退缩，为了使两断端对合，断腱在缝合前要求患肢的断腱弛缓的体位，全身浅或中度麻醉，或注射肌肉松弛剂，要求在无菌条件下进行缝合。须用圆缝针。缝线选用拉力强而不易吸收的丝线、银线、合金线等，或用碳纤维束缝合。缝合法：①Wilm 法。②lange 法。③中村法。先用 lange 法进行基础缝合，然后用 OMS 膜（软性可吸收性体内植入膜）或取自自体的筋膜，包围在基础缝合上，两端略比基础缝合长一些。将 OMS 膜与腱进行加强缝合法，从而加固缝合的断端。④碳纤维缝合法，碳纤维可诱发腱的再生，因此，使用碳纤维束缝合腱的断端，包扎石膏绷带，腱的再生愈合快速，是腱断裂缝合的好方法（图 4-61）。

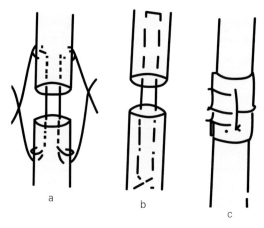

图 4-61　腱的缝合方法

a. Wilm法　b. lange法　c. 中村法

固定：一般使用石膏绷带包扎于患腱处，有助于缝合断端的接近，防止拉断缝合线或撕裂缝合的断端，有保护和促进愈合的作用（图 4-62 至图 4-64）。

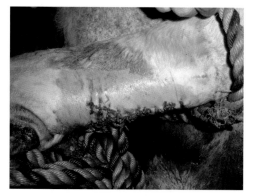

图 4-62　屈肌腱断裂已缝好

图 4-63　全身麻醉下打夹板绷带

图 4-64　屈肌腱断裂手术缝合后的牛

术后使用抗生素预防与治疗术部的感染，用石膏绷带或夹板绷带的固定是治疗屈肌腱开放性断裂的最重要环节，绷带固定时间最少要保留30天。

（二）腓肠肌与跟腱断裂

腓肠肌和跟腱有伸展与固定跗关节的作用。腓肠肌与跟腱断裂常发生于奶牛。除腱断裂的一般原因之外，其他原因还有当母牛发情爬跨时，后肢支撑体重，后肢飞节高度紧张而发生腓肠肌的断裂；奶牛在滑腻的地面上行走时的滑倒瞬间，奶牛为了支撑体重导致腓肠肌与跟腱的过度用力而发生断裂；母牛在站立分娩时，助产人员过度用力牵拉胎儿，均容易引起奶牛的跟腱断裂。

断裂部位多在跟结节处，患部肿胀疼痛，有时可以摸到断裂的缺损部。抬举后肢屈曲跗关节无抵抗。完全断裂，在站立时，患肢前踏，跗关节高度屈曲并下沉，膝关节伸展，患侧臀部下降，小腿与地面平行，跖部倾斜，跟腱弛缓。运动时，表现以支跛为主的混合跛行，如两后肢同时发病，运动困难（图4-65至图4-67）。

图4-65　腓肠肌断裂

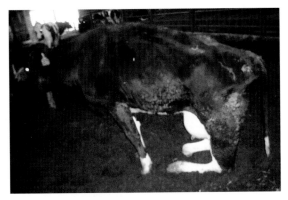

图4-66　腓肠肌断裂

图4-67　跟腱断裂的检查

腓肠肌断裂处局部肿胀，病初局部柔软，温热与疼痛不明显，随着发病时间的延长，局部肿胀明显，从跗关节上方到膝关节之间的后肢外侧面肌肉失去正常弹性，呈坚实样木板样硬度。

腓肠肌与跟腱完全断裂一般无治愈希望，确诊后应当淘汰，如犊牛发生断裂的部位在腱质部和肌腱的移行部位时，可试用缝合法，然后包扎石膏绷带。

（三）腱挛缩

【病因】犊牛的屈腱挛缩多为先天性，大多与奶牛的维生素 D 不足有关。主要由于屈腱先天过短所造成。常发生在两前肢。

【症状】犊牛先天性屈腱挛缩的程度不同，症状表现不一。轻度先天性挛缩，以蹄尖负重（图 4-68）。重度的挛缩病例，球节基本不能伸展，球节背面接触地面行走（图 4-69）。

图 4-68　屈腱挛缩二蹄尖着地系部直立　　　　　　图 4-69　二前肢屈腱挛缩

【治疗】先天性屈腱挛缩，可包扎石膏绷带或夹板绷带进行矫正（图 4-70）。在打绷带时应将患肢的球节拉开至蹄负面完全着地的状态，然后用石膏绷带或夹板绷带固定。屈腱挛缩较重的幼畜，可行切腱术。

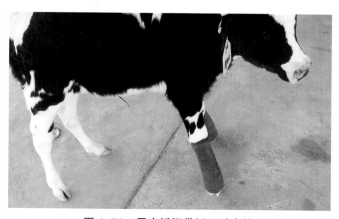

图 4-70　用夹板绷带矫正腱挛缩

确定腱截断术的切口定位：将犊牛侧卧保定，一人抓住前肢挛缩的患肢腕关节，另一人抓住患肢系部，将蹄部伸直；与此同时，用手触诊屈肌腱特别紧张的部位，一般是在系凹部处的屈肌腱特别紧张，也有的是在肘头下方处屈肌腱特别紧张，切口定位就在屈肌腱特别紧张处。

犊牛全身麻醉，术部常规剃毛、消毒，在系凹部做一与屈肌腱平行的皮肤小切口，注意不要切到与屈肌腱平行的动脉、静脉与神经。切开皮肤后，用止血钳伸入皮肤切口内钝性剥离到对侧后，然后退出止血钳，改为手术刀插入切口内，对准指深屈肌腱，切断指深屈肌腱，再抓住蹄部伸展，此时蹄部即可完全伸展至正常状态。

如果屈肌腱的紧张部位在前肢上部靠近肘头的部位，切口就在前肢肘头下方 5~6cm 处做一个 3~4cm 的纵切口，止血钳伸入切口内向对侧剥离到对侧皮下，抽出止血钳，改为手术刀对准紧张的屈肌腱，切断屈肌腱，即可松解前肢屈肌的紧张，此时抓住前蹄伸展前蹄，前蹄即可恢复正常的状态。

术后连用 3 天抗生素，预防切口的感染。

【预防】先天性腱挛缩与母牛怀孕期间维生素 D 的缺乏有关，在怀孕后期特别是进入干奶期的奶牛，要有营养全面的预混料，预混料存放时间不能太长，以防破坏预混料中的维生素 D。养殖场的奶牛要有室外运动场，使母牛有充足阳光浴的时间。新生犊牛的先天性腱挛缩，除包扎头板绷带或石膏绷带进行固定或手术矫正外，在恢复期还要补充维生素 D，以加速犊牛腱挛缩的康复。

第五章　黏液囊疾病

在皮肤、筋膜、韧带、腱、肌肉与骨、软骨突起的部位之间，为了减少摩擦常有黏液囊存在。黏液囊有先天性和后天性两种。后天性黏液囊是由于摩擦而使组织分离形成裂隙所成。黏液囊的形状和大小各异，这与组织活动的范围、疏松结缔组织的紧张性和状态、组织被迫移位的程度，以及新形成的组织间隙内含物（淋巴、渗出液）的数量和性质有关。

黏液囊壁分两层，内被一层间皮细胞，外由结缔组织包围。奶牛黏液囊的部位有枕部、鬐甲部、肘部、腕部、坐骨结节部、膝前部、跟结节等部位的黏液囊。最易引起黏液囊炎是腕前黏液囊。多为一侧性，有时两侧同时发病。

【病因】通常牛在起立时，是两后肢先起立，两前肢腕关节跪在地面，然后再伸出前肢站立起来（图5-1、图5-2），每日多次反复，易引起腕部挫伤，尤其当卧床坚硬、粗糙、不平，垫料不足或没有垫料的卧床，更易引发本病。牛在湿滑的地面上发生猝跌，也可导致腕前皮下黏液囊炎。另外，长期爬卧的病牛，布鲁氏菌病牛也易继发此病。

图5-1　奶牛起立时两前肢腕关节跪地，两后肢站立

图5-2　奶牛起立时先伸出一前肢，另一前肢再站起

【症状】腕前皮下黏液囊炎可分为急性浆液性、纤维素性及化脓性腕前黏液囊炎三种。

1. **急性浆液性腕前黏液囊炎**　在腕关节前下方有局限性圆形肿胀，触诊热痛明显、有波动、有捻发音，运动时有轻度跛行或跛行不明显。（图5-3、图5-4）。

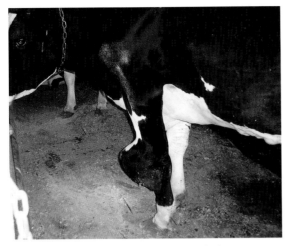
图5-3　奶牛腕前黏液囊炎

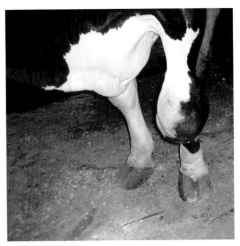
图5-4　奶牛左前腕前黏液囊炎

2. **纤维素性腕前黏液囊炎**　病畜腕关节前面发生局限性带有波动的隆起，逐渐增大，无痛，无热。病程较长的牛，患部皮肤被毛卷缩，皮下组织肥厚。脱毛的皮肤上皮角化，呈鳞片状。触诊肿胀部坚硬，无热痛反应，运动无跛行。肿胀过大可出现轻度跛行。黏液囊内充满胶冻样纤维蛋白样组织，在胶冻样组织内包含有大量的黏液囊液（图5-5）。这就是对黏液囊穿刺时不能排空黏液囊内液体的原因。对这种类型的黏液囊炎不能穿刺排空囊内液体，向黏液囊内注射药物，药物也不能扩散到黏液囊的全部，保守药物治疗往往是无效的。

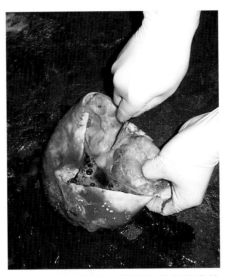
图5-5　黏液囊内充满胶冻样纤维素性
　　　　坏死组织

3. **化脓性腕前黏液囊炎**　黏液囊感染化脓菌，则形成化脓性黏液囊炎。腕关节出现弥漫性肿胀，触诊有波动和热痛。运动时跛行明显。穿刺有浓汁排出（图5-6、图5-7）。

图5-6　化脓性腕前黏液囊炎的穿刺诊断，排出污红色稀薄的脓液

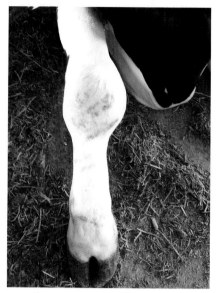

图5-7　化脓性腕前黏液囊炎

【诊断】应注意与腕关节滑膜炎和腕桡侧伸肌腱鞘炎相区别。本病肿胀位于腕关节前面，略下方；腕关节滑膜炎时肿大主要位于腕关节的上方和侧方；腕桡侧伸肌腱鞘炎呈纵行分节肿胀。急性滑膜炎和腱鞘炎，病肢跛行显著；而浆液性黏液囊炎时，通常无跛行或跛行轻微。

【治疗】浆液性黏液囊炎穿刺放液后，再向黏液囊内注入药物，常用的药物有0.5%盐酸普鲁卡因30mL，醋酸可的松125~250mg，青霉素400万IU混合后注入。注药后打腕关节交叉压迫绷带。间隔一天解开腕关节压迫绷带，检查黏液囊是否又膨胀起来，如果黏液囊又充满了液体，可再次穿刺黏液囊，放出囊内液体，再次注药和打压迫绷带。如果经过二次的放液、注药、打压迫绷带无效时，应改为手术治疗。

手术方法有黏液囊的完整摘除术和黏液囊的切开、放液、引流术。现分别介绍两种手术方法的适应证和操作方法。

1. 对于特大的浆液性黏液囊炎和纤维素性黏液囊炎　实施黏液囊完整摘除术。

对病牛进行全身麻醉，侧卧保定，局部按常规剃毛与消毒。

在黏液囊正前面的正中线上略下方做纵行皮肤切口，切口长度要超过黏液囊的纵径长度。仅仅切开皮肤囊而不要切开皮下的黏液囊壁，用止血钳钳夹皮肤切口创缘，提起皮肤创缘，用手术刀或弯钝手术剪剥离皮肤与黏液囊壁的联系，将黏液囊整体剥离下来（图5-8至图5-11）。

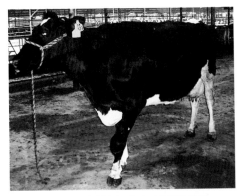

图 5-8　刚刚注入全身麻醉药的牛

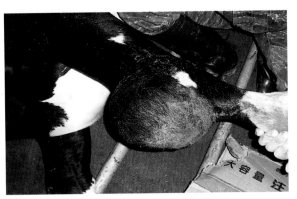

图 5-9　侧卧保定，固定患肢

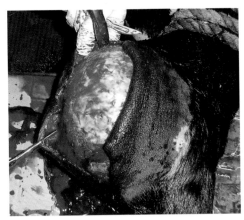

图 5-10　剥离皮肤与黏液囊壁

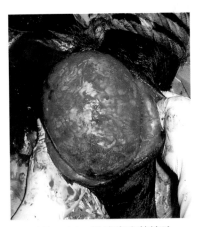

图 5-11　黏液囊完整摘除

将双侧皮瓣合拢，确定切除过多的皮肤宽度与长度后，用手术剪或手术刀切除多余的皮肤，生理盐水冲洗皮下创面后，创面撒布青霉素药粉后，结节缝合手术创口。同时包扎腕部的压迫绷带。

2. 对于化脓性黏液囊炎　一般是采取切开排脓、冲洗与防腐药引流等措施，创口经二期愈合。现将具体操作方法介绍如下：

保定：一般在修蹄台上，也可在保定栏内进行。

麻醉：在修蹄台上切开黏液囊一般不需麻醉，在保定栏内切开化脓性黏液囊时，可注射镇静剂量的速眠新或陆眠宁。

切口：在腕前黏液囊正前面稍下方，切口长度一般 3～4cm。

排除脓液、冲洗与引流

术后护理：每间隔 2～3 天对黏液囊创腔冲洗与引流，直至创口愈合为止（图 5-12 至图 5-21）。黏液囊炎的切口愈合时间大约 15 天。

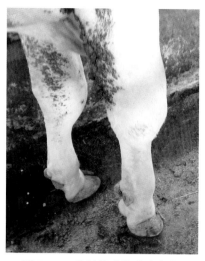

图 5-12　化脓性腕前黏液囊炎

图 5-13　全身麻醉侧卧保定

图 5-14　局部剃毛、消毒

图 5-15　切开囊壁，放出脓液

图 5-16　伸入止血钳夹取坏死组织

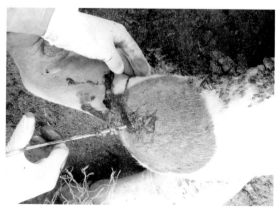

图 5-17　取出坏死组织

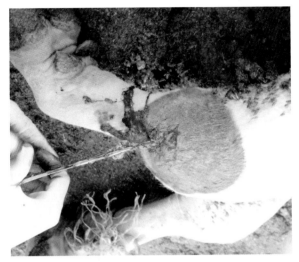

图5-18　取出大量坏死组织

图5-19　用3%过氧化氢冲洗脓腔

图5-20　排除冲洗液体

图5-21　用浸有碘制剂的绷带塞入囊内引流

第六章　奶牛滑倒（奶牛劈叉）

奶牛滑倒（劈叉）是规模化奶牛养殖场奶牛突发的腰与四肢一类疾病的总称，包括四肢及腰部骨折、关节脱位、四肢肌肉与筋腱的断裂、外周神经的损伤等，这类疾病发生后常因诊断与救治失误导致淘汰。近几年来，对各地牧场发生的奶牛滑倒病牛统计，在规模化的万头牧场，每月滑倒的牛都在 10 头左右，每年大约有 100 头牛发生滑倒，治愈率一般为 45% ~ 50%。

【病因】奶牛滑倒（劈叉）常发生在赶牛通道上，有的是在出挤奶厅的路上，也有的是在牛舍内。发情牛的相互爬跨，牛的追逐导致奶牛的滑倒。发生滑倒的时间大多在夜间，这与奶牛在夜间发情比率较高有关。另外，夜班挤奶赶牛人员的大声吆喝、驱赶奶牛快速向挤奶厅奔跑，或挤完奶后快速驱赶奶牛回牛舍，都是引起奶牛滑倒的直接原因。我国北方地区冬季寒冷，牛舍地面的粪尿及挤奶通道地面上的粪尿结冰，是北方地区冬季奶牛滑倒（劈叉）发病率高的原因；我国南方地区夏季阴雨连绵，湿度大，挤奶通道路面的处于湿滑状态，是导致南方牧场奶牛滑倒（劈叉）的原因。

我国很多牧场挤奶通道的路面上没有铺设橡胶垫，也没有造防滑沟，是挤奶通道上发生滑倒的原因（图 6-1）。奶牛在出挤奶台的通道上发生滑倒较多，这与挤完奶后奶牛处于饥饿状态，当路面很滑时个别奶牛体力不支有关（图 6-2）。经常见到一头奶牛在前面奔跑，后面很多奶牛也随之快速奔跑的现象，奶牛在奔跑中突然滑倒，导致腰或四肢的严重损伤。

图 6-1　牛舍粪道地面防滑沟

图 6-2　奶牛滑倒在挤奶赶牛通道上

在牛舍内奶牛也常常发生滑倒，牛舍内的粪道地面防滑沟太浅，起不到防滑作用。其次粪道地面上的防滑沟之间的距离太宽。防滑沟之间的距离超过了牛的蹄底直径，也降低了奶牛运动期间的防滑作用。

　　粪道清粪不及时，黏腻的牛粪覆盖了粪道时，奶牛在粪道上容易滑倒（图6-3）。

图6-3　奶牛滑倒在牛舍的粪道上

　　【症状】奶牛滑倒（劈叉）后，大多数奶牛力图站立，用尽全身力气经过多次的努力试图起立，多因伤势严重或地面太滑，牛蹄在地面无支撑点站不起来。滑倒的奶牛全身哆嗦，精神惊惧，心跳加快，腋下及股内侧出汗，采食与反刍停止。

　　滑倒（劈叉）后发生的组织损伤不同，临床症状也不同，临床常见的损伤有骨折、关节脱位、肌肉与筋腱的断裂、神经损伤、内脏破裂及死亡等。

　　1. 骨折　骨折是滑倒（劈叉）牛常发生的疾病之一。

　　（1）腰椎损伤（骨折、脊髓损伤）　骨折常发生在最后胸椎与第一腰椎接合部，如果伴有脊髓损伤，奶牛躺卧，两前肢强直伸展，不时划动前肢，二后肢处于麻痹性无痛状态，针刺两后肢无反射，尾无知觉。针刺奶牛胸部到腰部的皮肤，出现明显的无痛区分界线。用手触诊背腰部，很难触及骨折的部位，也很难感觉到骨折处的骨摩擦音。奶牛采食与反刍停止，排粪、排尿困难，因挤奶不及时，常常继发乳房炎。如果脊髓没有损伤，奶牛常常力图站立，但只能用两前肢向前爬行（图6-4）。

图6-4　奶牛滑倒腰椎骨折，向前爬行

（2）骨盆骨折　分为坐骨骨折、耻骨骨折、髂骨骨折，是奶牛滑倒（劈叉）后最容易发生的一类骨折。发病牛卧地不能起立，处于侧卧或俯卧姿势，奶牛采食与反刍减少，尾及两后肢的反射正常，排粪排尿减少。肛门与阴门常常肿胀，直肠检查可以确定骨盆骨折的部位：让牛进行左侧卧，检查者手进入直肠内，手掌分别对准坐骨、耻骨、髂骨，与此同时，另一人用双手抬起右后肢，进行上下晃动，直肠检查的手感觉坐骨、耻骨、髂骨处有无骨摩擦音，以确定骨盆骨右侧部有无骨折。然后再让牛右侧卧，一人做直肠检查，另一人双手抓住牛的左后肢，向上向下晃动后肢，直肠检查的手感觉坐骨、耻骨、髂骨有无骨的摩擦音或碰撞音，以判定骨盆骨的骨折（图6-5）。

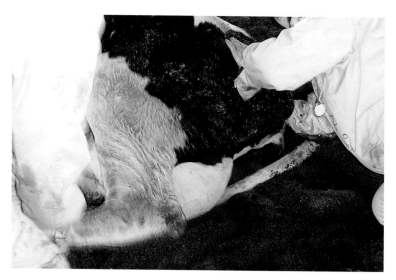

图6-5　直肠检查，确定骨盆骨折

（3）荐椎骨折　荐椎骨折后，奶牛的肛门、阴门及荐椎处常常肿胀，奶牛的尾部活动受限，尾不能随意摆动，排粪困难或直肠内蓄粪。用手抓住奶牛尾根进行左右、上下的晃动，与此同时，另一人的手掌压在荐椎处，可感觉到骨的摩擦音。也可进行直肠检查感觉荐椎有无骨折，手掌对准荐椎，另一人上下晃动尾根部，诊断荐椎是否发生了骨折。

（4）股骨骨折　可分为近髋关节的股骨骨折、股骨干骨折、近膝关节的股骨骨折。奶牛发生骨折后，卧地不能起立，疼痛，采食与反刍减少或停止。奶牛侧卧或伏卧，骨折处肿胀，骨折处外形塌陷（图6-6）。由于骨折处有丰厚的肌肉覆盖和骨折后局部的肿胀（图6-7），确定股骨是否发生骨折须进行局部触诊，检查人的手掌分别压在髋关节、股骨干、膝关节处，另一人双手抓住后肢系部抬起后肢，上下、左右晃动后肢，如果手感觉到了骨摩擦音，就可确定股骨发生了骨折（图6-8）。

图 6-6　奶牛股骨干远端完全骨折

图 6-7　奶牛股骨干上端骨折，臀部
严重肿胀

图 6-8　股骨上端骨折的临床检查

（5）四肢下端骨折　后肢跗关节以下、前肢腕关节以下的骨折，奶牛出现重度跛行，骨折肢体出现异常活动，触诊局部有骨摩擦音（图 6-9）。

图 6-9　滑倒牛发生左前肢系骨折的牛，重度跛行

对滑倒牛的腰椎骨折、骨盆骨骨折、髋骨骨折、胫骨与桡骨骨折，确诊后对骨折奶牛淘汰，对前肢腕关节以下及后肢跗关节以下的非开放性骨折，都应当进行骨折外固定治疗（图6-10、图6-11）。

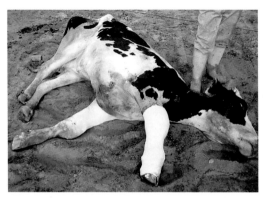
图6-10　奶牛前肢掌骨骨折石膏绷带固定

图6-11　奶牛后肢蹠骨骨折石膏绷带固定

对前肢腕关节以下及后肢跗关节以下的开放性骨折，要检查骨折局部的损伤程度与污染程度，判定经外固定后是否发生感染、经外固定后能否愈合。一般情况下应当淘汰，除非是留种、具有重要经济价值的牛，可考虑进行骨折的外固定。

2. 关节脱位　滑倒后的牛最常发生的关节脱位是髋关节，滑倒后奶牛倒卧，不能站立，勉强站立后，出现重度跛行，患肢不能负重。在发生髋关节脱位的同时，股骨头的圆韧带也发生断裂，这是髋关节脱位后关节难以复位与关节复位后难以固定的原因。

髋关节脱位的临床症状、诊断方法已在第四章第四节中介绍，请参阅第四章第四节内容。

3. 外周神经损伤　常见的神经损伤有坐骨神经、闭孔神经、胫神经、腓神经、桡神经等。

（1）坐骨神经损伤　坐骨神经为全身最粗的外周神经，其纤维主要来自L6腰神经和S1、S2荐神经，经坐骨大孔穿出骨盆腔，在臀肌群和荐坐韧带间向后延伸，再经股骨大转子和坐骨结节之间绕至髋关节后方，并沿股二头肌和半膜肌之间下行，分为胫神经和腓神经。奶牛滑倒引起的坐骨神经麻痹临床较多见。

坐骨神经全麻痹时，髋关节和跗关节下沉，球节屈曲。站立时，患肢以蹄前壁或球节背面着地。运步时，肌肉颤抖，以蹄尖着地行走。膝关节远端皮肤感觉消失。坐骨神经不全麻痹时，患畜能站立负重，但球节仍屈曲，跗关节较健侧低。患肢可运步，但不能快步运行。

（2）胫神经麻痹　胫神经是坐骨神经的一分支，分布于腓肠肌、腘肌和趾浅、深屈肌。胫神经是混合神经，其运动纤维分布于上述肌群，感觉纤维分布于肢的下部，奶牛滑倒后有时发生胫神经麻痹。站立时，跗关节、球节及冠关节屈曲，病肢稍伸向前方，以蹄尖壁着地，病肢还能站立并能负重。因胫神经提供跖、趾部的感觉传导，所以胫神经麻痹可导致该区域的痛觉消失。胫神经麻痹后股部肌肉很快萎缩。

（3）腓神经麻痹　腓神经为坐骨神经一分支，在胫骨近端外侧稍下方分腓浅神经和腓深神经。腓神经是混合神经，腓浅神经较大，在第4趾固有伸肌与腓肠肌之间的沟中延伸。腓深神经在小腿上端分出分支分布于小腿外侧肌肉后，其主干在趾长伸肌深面向下伸延，支配跖趾关节及趾背轴面皮肤。

奶牛滑倒后有时引起腓神经损伤，滑倒后较长时间卧于硬地面，腓神经受到压迫引起麻痹。

腓神经麻痹导致跗关节伸直和过度伸张，而球节则过度屈曲。患肢以球节和蹄的背侧着地而负重。因跗关节不能正常屈曲，跗关节呈伸张状态。在患肢负重的瞬间，球节向前屈曲，呈现明显的突球症状（图6-12）。腓神经感觉纤维分布于跖、球部背面，腓神经麻痹可引起这些区域感觉丧失。

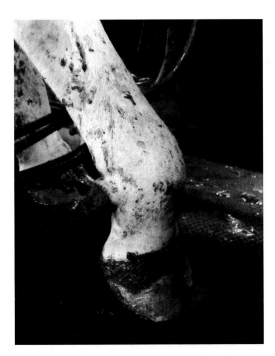

图6-12　腓神经麻痹牛的突球症状

（4）闭孔神经麻痹　奶牛滑倒时两后肢向双侧过度叉开，引起闭孔神经损伤。闭孔神经为运动神经，其纤维来自L4、L7腰神经，沿髋骨体的内侧面向闭孔伸延分支于闭孔内肌，穿出闭孔后分支于闭孔外肌和耻骨肌、内收肌和股薄肌等股内侧肌群。当闭孔神经损伤后，神经发生麻痹而引起内收肌群的麻痹，从而呈现一种青蛙伏卧的姿势（图6-13、图6-14）。

图6-13　奶牛滑倒后的蛙坐姿势

图6-14　奶牛滑倒后方的蛙坐姿势

闭孔神经麻痹的同时，常常伴发内收肌肌断裂、骨盆骨骨折、髋关节脱位、髋关节内骨折等疾病的发生（图6-15），站立时一蹄尖着地，重度跛行。

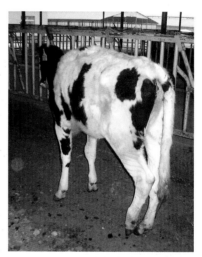

图6-15　髋关节内骨折的奶牛

（5）桡神经麻痹　奶牛的桡神经麻痹分完全麻痹、部分麻痹和不全麻痹。

桡神经是以运动神经为主的混合神经，出自臂神经丛后向下方，分布于臂三头肌、前臂筋膜张肌、臂肌、肘关节，并分出桡浅和桡深两大分支。桡浅神经分布于前臂背面皮肤，桡深神经分布于前肢腕指伸肌。因该神经主要分布于固定肘关节的肌群和伸展前肢的所有肌群，所以当桡神经麻痹时，由于掌管肘关节、腕关节和指关节伸展机能的肌肉失去作用，因而患肢在运步时提伸困难，负重时肘关节等不能固定而表现过度屈曲。

奶牛滑倒在硬地上，躺卧侧的前肢肩部、肘部被重大的躯体压在硬化的地面上，时间久了桡神经即可发生压迫性麻痹。另外，当滑倒时，前肢的肩部、肘部受到坚硬地面或其他物体的冲撞、挫伤都能引起本病的发生，特别是长时间侧卧硬地上的滑倒牛，最容易发生桡神经的麻痹。

当鱼骨式挤奶台的围栏结构不合理时，在奶牛挤奶期间，围栏的横杠正挤压在奶牛肩关节处，当挤完奶出挤奶厅的路上，奶牛出现桡神经麻痹症状（图6-16）。

图 6-16　在鱼骨式挤奶台发生的桡神经全麻痹

桡神经完全麻痹：站立时肩关节过度伸展，肘关节下沉，腕关节形成钝角，此时掌部向后倾斜，球节呈掌屈状态，以蹄尖壁着地。运动时患肢各关节伸展不充分或不能伸展，所以患肢不能充分提起，前伸困难，蹄尖曳地前进，前方短步，但后退运动比较容易。由于患肢伸展不灵活，不能跨越障碍，在不平地面快步运动容易跌倒，并在患肢负重瞬间，除肩关节外，其他关节都屈曲。患肢虽负重不全，如在站立时人为地固定患肢成垂直状态，尚可负重，此时如将患肢重心稍加移动，则又回复原来状态。快步运动时，患肢机能障碍症状较重，负重异常，臂三头肌及臂部诸伸肌都陷于弛缓状态（图6-17）。皮肤对疼痛刺激反射减弱，发病 15 天后肌肉逐渐萎缩。

图 6-17　桡神经完全麻痹

桡神经不全麻痹：原发性的出现于病初，或出现于全麻痹的恢复期。站立时，患肢基本能负重，随着不全麻痹神经所支配的肌肉或肌群过度疲劳，可能出现程度不同的机能障碍。运动时，肘关节伸展不充分，患肢向前伸出缓慢，为了代偿麻痹肌肉的机能，臂三头肌及肩关节的其他肌肉发生强力收缩，将患肢远远伸向前方（图6-18）。同时在患肢负重瞬间，肩关节震颤，患肢常蹉跌，越是疲劳或在不平地上运动时，症状越明显。

不全麻痹如确诊困难时，可进行试验证明，在站立状态提起对侧健肢，变换头部位置，牵引病畜前进或后退，转移体重的重心，此时肘关节及以下所有各关节屈曲。

图 6-18　桡神经不全麻痹

【治疗】治疗原则是除去病因，恢复机能，促进再生，防止感染，预防瘢痕形成及肌肉萎缩。

（1）为了兴奋神经，可应用电针疗法，根据神经的走向取穴，桡神经麻痹可取抢风、冲天等穴。针灸疗法对神经麻痹有较好的疗效。

（2）为促进神经机能的恢复，提高肌肉的紧张力和促进血液循环，可对前肢肩部、前臂部进行按摩。病初每天按摩 2 次，每次 15~20min。在按摩后配合涂擦刺激剂。此外，可在应用上述疗法的同时，局部肌内注射维生素 B_{12}、维生素 B_1 等药物。

（3）为防止瘢痕形成和组织粘连，可在局部应用透明质酸酶、链激酶和链道酶。透明质酸酶 2~4mL 在受损伤的神经经路上一次注射。链激酶 10 万 IU、链道酶 2.5 万 IU，溶于 10~50mL 灭菌蒸馏水中，在受损伤的神经经路上注射。必要时，24h 后可再注射一次。

（4）为兴奋骨骼肌可肌内注射氢溴酸加兰他敏注射液，每千克体重 0.05~0.1mg，1 次 / 天。此外，可在应用兴奋剂注射后，每天用 0.9% 盐水溶液 150~300mL 分数点注入患部肌肉内。奶牛自动运动有助于肌肉萎缩的恢复。

（5）内脏破裂。奶牛突然滑倒（劈叉）在硬化地面上，有时发生内脏破裂，如肝脏破裂、子宫破裂、真胃破裂等。内脏破裂后，奶牛全身情况急剧恶化，发生疼痛、休克等症状。

【诊断】奶牛滑倒后的诊断应包括以下内容。

（1）判定滑倒牛有无不可治愈的损伤，如腰椎骨折、脊髓损伤、骨盆骨折、荐椎骨折、股骨骨折、髋关节脱位、髋关节内骨折，桡骨、胫骨的骨折及内脏破裂等。

要进行全身检查，确定有无休克、有无内脏破裂的发生。

要进行局部触诊、他动运动、针刺皮肤感觉试验、直肠检查与他动后肢试验。在进行了全面检查后，即可确定奶牛滑倒后损伤的部位与损伤的程度。对确定存在不可治愈的损伤后，提出淘汰滑倒牛的建议。

（2）对有治愈希望的滑倒牛，要详细检查奶牛的全身情况，还要检查奶牛不能站立或严重跛行的原因。髋关节的损伤，可以通过直肠检查，结合对患肢的他动运动进行诊断；或一手放于髋关节处，另一人抬起患肢进行他动运动，压在髋关节出的手感觉有无骨摩擦音。

（3）确定有无神经的损伤，要根据临床症状确定神经损伤的部位，一般坐骨神经损伤、闭孔神经损伤很难治愈；桡神经、腓神经的损伤要抓紧治疗，一般神经损伤后10天内症状不消退的奶牛，神经所支配的肌肉发生萎缩，对这类奶牛应当淘汰。

【治疗】

1. 现场急救　奶牛滑倒（劈叉）后，不要急于驱赶奶牛站立，对滑倒牛尽量保持安静，并通知兽医尽快到奶牛滑倒现场进行诊断与急救。对有内出血的牛，要紧急注射止血药；对有外出血的牛，要进行局部止血处理。对四肢下端的骨折，要用夹板绷带进行临时固定。对有休克症状的牛，要采取抗休克措施。同时，对滑倒（劈叉）牛的预后进行初步判定。

2. 转移滑倒（劈叉）牛　对凡能治愈的病牛，应尽快将滑倒牛移动到康复牛舍，转移滑倒牛的时间越短，滑倒牛治愈的概率就越高。夜间发生的滑倒牛，不能等到第二天再转移，要当夜将滑倒牛转移。转移滑倒牛的方法常用铲车或小型装载车（图6-19），将牛转移到铺有垫草、沙子或草地上。对于没有骨折、韧带断裂、神经损伤的滑倒牛，将其转移到软地后大多数滑倒牛能很快站起，但不能马上将其转移到大群内饲养，还需要一段恢复过程。

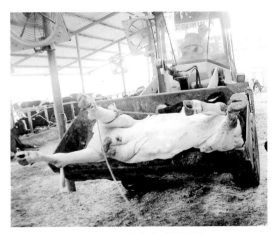

图6-19　铲车移动滑倒牛

3. 创造奶牛舒适的康复环境　奶牛身下铺垫厚草、锯末或干的沼渣，并及时更换污染的垫料。专人饲喂，给牛饮水，帮助奶牛改变卧地的姿势。在康复牛舍备有可移动的吊牛架与倒链，用宽皮带将滑倒牛慢慢吊起，改变躺卧姿势，缓解奶牛长期一个躺卧姿势对肢体的压迫，防止褥疮发生。

4. 拴系防滑带或防滑绳　为防止奶牛起立后的再度劈叉，应在两后肢上拴系防滑带或防滑绳（图6-20、图6-21），绳的长度为牛后肢迈出的一步距离，不能太长，也不能太短。

图 6-20　两后肢拴系防滑绳绊　　　　　　图 6-21　两后肢拴系防滑绳绊

　　5. 协助滑倒的奶牛站起　　在滑倒牛的康复牛舍内安装吊牛架，吊牛架有手动倒链式吊牛架和滑轨遥控式电动吊牛架。对滑倒卧地不能站立的牛，每天 1～2 次将牛吊起协助牛站立，对减少滑倒牛的褥疮发生、减少滑倒牛四肢的神经麻痹很有帮助（图 6-22 至图 6-25）。辅助站立后的牛，还要有人在现场管理，防止奶牛突然倒卧，根据牛的四肢及腰部的情况确定让牛站立的时间。应用遥控式电动吊牛架吊牛时，牛站立后应防止奶牛偏离滑轨，否则容易导致滑轨及电动设备的损坏。

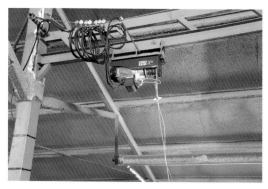

图 6-22　遥控式电动吊牛架、滑轨与电机　　　图 6-23　遥控式电动吊牛架

图 6-24　遥控式电动吊牛架　　　　　　图 6-25　遥控式电动吊牛架

6. 药物治疗　首选药物为非甾体抗炎药，常用的有美洛昔康，每头牛 15mL，每 2 天注射一次，连用 4~5 次；或氟尼辛葡甲胺，每头牛 15mL，每天注射一次，连用 4~5 次。

腰、荐部的挫伤、扭伤，还可用普鲁卡因、强的松龙对腰部进行封闭疗法：0.5% 普鲁卡因注射液 40mL，醋酸强的松龙 250mg，在腰荐结合部注射，3 天注射一次，注射 3 次以上。

低血钙引起的滑倒病牛，25% 葡萄糖酸钙注射液 500~750mL，静脉注射。也可经口投服博威钙，发病后立即投服 1 丸，第三天再投服 1 丸。

神经麻痹的奶牛，在用上述药物的同时，还要应用 5% 维生素 B$_1$ 注射液 60~70mL，分点肌内注射，1 次 / 天，连用 3 天以上。

局部配合按摩、热敷、针刺或电针刺激等物理疗法，对卧地不起牛的康复很有帮助。

在治疗过程中，病牛试图站立时，兽医或饲养人员要顺势抬举牛的头颈部帮助奶牛站立，对荐尾部发生损伤的病牛，不能抬举尾巴。牛自行站立后，待牛站稳后，应立即人工挤奶，以防乳房奶汁积聚过多，引起乳房炎。

滑倒病牛重新站立所需要的时间因受伤程度不同而有差别，受伤轻的奶牛，在用吊车或铲车将牛移动到软地或铺有垫草的场地，奶牛经休息后，就可以自行起立。受伤严重的奶牛，至少需要 5 天以上或更长时间的治疗与修养才能起立。躺卧的牛每天应检查吃草、饮水与反刍情况，发现异常，应及时诊断，并进行必要的对症治疗。长期卧地不起的牛，严防皮肤肌肉发生褥疮，卧地 15 天以上还没有站起的牛，要考虑是否淘汰。

【预防】预防奶牛滑倒（劈叉）是规模化奶牛场应重视的问题，应做好以下的工作：牛舍粪道地面要有防滑沟，防滑沟之间的距离不超过 8cm，每个沟的宽度 1cm、深 1.5cm。有条件的牧场，在靠近牛颈架一侧的粪道上铺设橡胶防滑垫（图 6-26），不仅可减低牛蹄底的磨损，而且可大大降低奶牛在牛舍粪道上滑倒的概率。

图 6-26　橡胶防滑垫与刮粪板刮粪

牛舍粪道上及挤奶通道上的粪便应及时清理，北方地区要采取保暖措施，防止挤奶通道结冰，当赶牛通道出现结冰时，路面要采取撒盐防冻措施。

奶牛进入挤奶通道后，赶牛人员要以温和的声音赶牛，严禁快速驱赶牛，更不准鞭打奶牛，奶牛在挤奶通道上的奔跑与运动中的过度拥挤是奶牛滑倒的主要原因，一定防止这类情况的发生。

第七章 骨　折

　　骨的完整性或连续性因外力作用遭受破坏时，称为骨折。骨折的同时常伴有周围软组织不同程度的损伤。

　　奶牛的骨折在规模化大型牧场中并不少见，奶牛因骨折而被淘汰的情况常有发生。骨折的奶牛淘汰率高的原因，一方面是四肢上部骨折难以进行骨折部位的固定，骨折部难以愈合；另一方面是兽医技术力量薄弱，牧场兽医对骨折奶牛不会治疗，采取一律淘汰的做法，致使很多能治愈的奶牛被淘汰，造成了一定的经济损失。为此，提高兽医人员对奶牛骨折救治的理论与实践技能很有必要。

　　奶牛发生骨折后，兽医应当对发生骨折的奶牛做出预后的判定。

　　1. 骨折后应立即淘汰的奶牛　凡四肢各部位的开放性、严重污染的骨折、腰椎骨折、前肢腕关节以上的骨折、后肢跗关节以上的骨折、四肢的粉碎性骨折、四肢各部位的关节内骨折等的病牛，除具有重大饲养价值的个别奶牛外，都应当淘汰。

　　2. 需要治疗的骨折

　　（1）前肢腕关节以下的、后肢跗关节以下的非开放性骨干骨折，经对骨折部位的外固定，骨折部位能够完全愈合，骨折愈合后的牛能恢复正常的运动。

　　（2）考虑奶牛的经济价值。除了特殊情况外，骨折病例首先应考虑病牛经治疗后能否恢复正常的运动，如果不能恢复正常的运动，就应该做出淘汰的决定。

　　（3）考虑病牛的年龄。青年牛、后备牛及犊牛的四肢下部的非开放性骨折，经对骨折部的整复与外固定后，骨折部愈合的效果较好，在骨折局部外固定治疗期间一般对生长发育无明显影响。即便四肢下端发生的开放性骨折，经彻底的清创、整复、缝合皮肤创口与骨折部的外固定或内固定，术后采取消炎、抗菌治疗等措施，大多预后良好。但犊牛的骨折内固定材料，如果采用接骨板固定时，一般应在骨折愈合后拆除，否则对骨骼发育有一定的影响。育成牛与青年牛的骨折时有发生，特别是进口牛，进入牧场后，不适应牧场的环境，常常在不良外力作用下发生四肢的骨折。凡四肢下端的非开放性骨折，通过夹板绷带或石膏绷带的外固定，大多可以治愈，骨折愈合后对奶牛的生长、发育与繁殖无明显影响。泌乳牛的四肢下端的骨折，如果是产奶量很高的牛，也可考虑进行骨折部的外固定，但发生骨折的牛不能到挤奶厅挤奶，如果不能解决挤奶问题，可能继发乳房炎，对此种骨折的奶牛是否治疗还是淘汰，应根据牧场的条件而定，不能千篇一律地治疗或淘汰。

　　（4）考虑骨折部位及特征。牛的四肢长骨骨折较为常见。一般来讲，四肢上端的骨折，其解剖复位和固定制动很困难，肱骨和股骨的骨折治愈率很低，而掌骨和跖骨骨折的治愈率较高。

骨折的同时常伴有周围软组织不同程度的损伤。许多骨折最初为闭合性骨折，由于对发生骨折的牛救治不及时，没有得到及时的现场临时外固定，很可能由闭合性骨折转变为开放性骨折。也有的在骨折的现场将牛赶回兽医治疗牛舍的途中，由于没有对骨折部位进行临时固定，奶牛在三脚跳跃前进过程中，因骨折的肢蹄悬垂，骨折的部位异常活动，骨折断端将骨折部位的皮肤刺透，转变为开放性骨折。开放性骨折的预后应谨慎，应考虑感染、神经损伤及血液供应等因素对愈合的影响。牛的四肢长骨骨折多为斜骨折或螺旋骨折，在外固定或内固定复位时较横骨折困难。

【病因与分类】

1. **骨折的原因**　可分为外力性骨折和病理性骨折两种类型。

外力性骨折：骨折都发生在被打击、挤压、重物压轧、蹴踢、角顶等各种机械外力直接作用的部位。母牛在起卧或发情爬跨时，可发生四肢长骨、髋骨或腰椎的骨折。肢蹄嵌夹于卧床前挡板下、颈枷的立柱间而不能缩回时的强烈挣扎、肢蹄嵌入洞穴、木栅缝隙等时，肢体常因急剧旋转而发生骨折。肌肉突然强烈收缩，可导致肌肉附着部位骨的撕裂。

病理性骨折：病理性骨折是有骨质疾病的骨发生骨折。如患有佝偻病、骨软病，衰老、妊娠后期或高产乳牛泌乳期、营养神经性骨萎缩，慢性氟中毒、四肢骨关节畸形或发育不良等，这些处于病理或某些特殊生理状态下的骨质疏松脆，应力降低，在很小的外力下也可引起骨折。

2. **骨折的分类**　骨折可根据发生原因、性质、程度及软组织的情况等进行分类，方法很多。临床上较有实际意义的有两种。

（1）根据骨折处局部皮肤或黏膜的完整性是否被破坏分类

开放性骨折：指皮肤或黏膜破裂，骨断端常露出皮外。容易发生感染化脓。

闭合性骨折：骨折处皮肤或黏膜完整，与外界不相通。

（2）根据骨折的程度及形态分类

不全骨折：骨的完整性或连续性仅有部分被破坏。如发生骨裂或骨膜下骨折（多发生在幼畜）。

完全骨折：骨的完整性或连续性完全被破坏。骨折处形成骨折线。完全骨折因断离的方向不同，可分为横骨折、纵骨折、斜骨折、螺旋骨折、嵌入骨折、穿孔骨折等。骨折部位可发生在骨干、骨骺、干骺端或关节内。此外，如果骨折仅发生在一个部位，称单骨折，最多折成两段；如果破裂成两段（块）以上，称粉碎骨折，骨折线可呈T、Y、V形等（图7-1）。

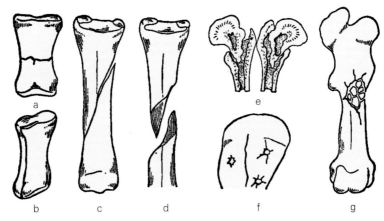

图 7-1 完全骨折示意图

a. 横骨折 b. 纵骨折 c. 斜骨折 d. 螺旋骨折 e. 嵌入骨折 f. 穿孔骨折 g. 粉碎骨折

【**症状**】奶牛四肢发生骨折后，突发重度跛行。四肢的完全骨折，奶牛运动时呈三脚跳跃前进，患肢悬垂，不敢着地。当发生不完全骨折时，患肢出现重度跛行，运动时患肢以蹄尖着地，呈现重度的支跛行。当四肢上部发生骨折，如股骨骨折、膝关节内骨折、髋骨骨折、坐骨骨折，奶牛大多卧地不起。奶牛腰椎骨折时常常伴有脊髓损伤，而出现截瘫。奶牛的全身症状依骨折的部位和程度有所不同，可能出现食欲减退、反刍减少、产奶量下降等表现。

1. **骨折的特有症状**

（1）肢体变形　骨折两断端因受伤时的外力、肌肉牵拉力和肢体重力的影响等，造成骨折段的移位。常见的有成角移位、侧方移位、旋转移位、纵轴移位，包括重叠、延长或嵌入等。骨折后的患肢呈弯曲、缩短、延长等异常姿势（图7-2、图7-3）。

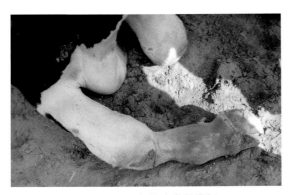

图 7-2　右前肢掌骨骨折

图 7-3　右后肢骨折，对骨折处临时固定

（2）异常活动　在骨折后的肢体负重或他动运动时，出现屈曲、旋转等异常活动。但肋骨、椎骨、蹄骨、干骺端等部位的骨折，异常活动不明显或缺乏（图7-4）。

图 7-4　犊牛股骨骨折，异常活动

（3）骨摩擦音　骨折两断端互相触碰，可听到骨摩擦音，或有骨摩擦感。但在不全骨折、骨折部肌肉丰厚、局部肿胀严重或断端间嵌入软组织时，通常听不到。骨骺分离时的骨摩擦音是一种柔软的捻发音。诊断四肢长骨骨干骨折时，常由一人固定近端后，另一人将远端轻轻晃动。若为全骨折，可以出现异常活动和骨摩擦音（图 7-5）。

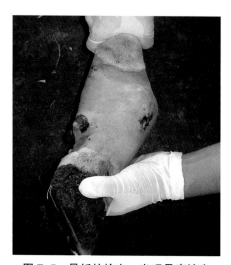

图 7-5　骨折的检查，出现骨摩擦音

2. 骨折的其他症状

（1）出血与肿胀　骨折时骨膜、骨髓及周围软组织的血管破裂出血，经创口流出或在骨折部发生血肿，加之软组织水肿，造成局部显著肿胀。闭合性骨折时肿胀的程度取决于受伤血管的大小，骨折的部位以及软组织损伤的轻重。肋骨、掌（跖）骨等部位的骨折，肿胀一般不严重；肱骨、桡（尺）骨、胫（腓）骨等部位的骨折，肿胀明显，致使骨折部不易摸清。

（2）疼痛　骨折后骨膜、神经受损，病牛疼痛，其程度常因牛的年龄、骨折部位和性质而反应各异。

（3）功能障碍　骨折后因剧烈疼痛而引起不同程度的功能障碍，在伤后立即发生。如四肢骨骨折时突发重度跛行、脊椎骨骨折伤及脊髓时，可致相应区后部的躯体出现麻痹等，但棘突骨折、肋骨骨折时，功能障碍可能不显著。

【诊断】根据外伤史和局部症状，一般不难诊断。根据需要，可用下列方法进行辅助检查。

1. 他动运动　对怀疑发生骨折的患肢进行他动运动检查，如果患部出现异常活动和骨摩擦音，即可作出诊断。对四肢下端的骨折，可将患肢抬起，一手固定骨折上部肢体，另一手他动骨折下方肢体，进行屈曲、伸展、内旋、外展等活动，以确定局部有无异常活动或骨摩擦音（图7-6）。对四肢上部的骨折检查时，也需要进行他动运动检查，对膝关节、股骨的骨折检查方法是：检查人员将手掌放在膝关节、股骨相应位置，另一人用双手抓住后肢下端，上下活动患肢，检查人员用手掌感觉有无骨摩擦音（图7-7）。

 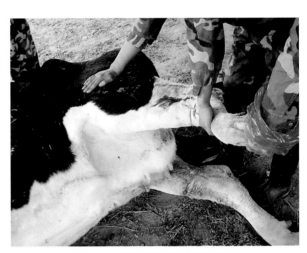

图7-6　奶牛前肢掌骨骨折的检查　　　　　图7-7　奶牛膝关节骨折的检查

2. 直肠检查　用于髋骨、骨盆骨折的辅助诊断，有助于了解到骨折部位的情况从而确诊。诊断时，一人将肢远端轻轻晃动，如有骨折发生，直肠检查者的手可以感觉到骨异常活动和摩擦音（图7-8）。

图7-8　直肠检查诊断骨盆及髋骨有无骨折

开放性骨折除具有上述的变化外，可以见到皮肤及软组织的创伤。有的形成创囊，骨折断端暴露于外，创内变化复杂，常含有血凝块、碎骨片或异物等（图7-9、图7-10）。

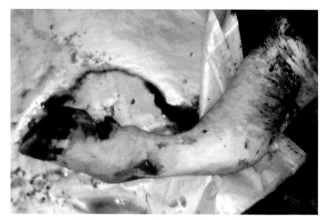 

图7-9　奶牛掌骨开放性骨折，骨折整复与固定前的准备　　　　图7-10　掌骨开放性骨折

3. X 线检查　X 线检查可以清楚地了解到骨折的形状、移位情况、骨折后的愈合情况等，但我国规模化牧场还没有开展 X 线在奶牛兽医临床检查中的应用工作。

【治疗】

1. 骨折的现场急救　奶牛发生骨折后，巡栏人员应尽可能地保持动物安静和骨折部位的制动。减轻疼痛，防止骨折断端移位和避免闭合性骨折变为开放性骨折。可用毛巾、纱布、棉花等作为衬垫，竹片、木板、硬纸板等作为夹板，用绷带或细绳将骨折部上、下两个关节同时固定。如果奶牛疼痛不安或有骚动时，宜使用全身镇静剂，可以减少骨折部的继发性损伤，减轻疼痛，防止骨折断端移位和避免闭合伤变为开放性骨折，处理结束，尽快请兽医或送奶牛医院治疗。

2. 骨折复位与外固定　骨折外固定方法包括夹板绷带外固定、石膏绷带外固定、改良式托马斯支架外固定或两种方法同时使用。现在可以使用的石膏外固定材料很多，包括商品化石膏绷带、热塑性的聚酯聚合体（乙醛烯）、聚亚胺酯树脂或玻璃纤维。其中玻璃纤维制成的石膏具有很大的优点，强度为普通石膏的5倍，并且重量轻，有利于术后的恢复。

（1）夹板绷带固定法　采用竹板、木板、铝合金板、铁板等材料，制成长、宽、厚与患部相适应，强度能固定住骨折部的夹板数条。包扎时，将患部清洁后，用5%碘酊大面积消毒，包上衬垫，于患部的前、后、左、右放置夹板，用绷带缠绕固定。包扎的松紧度，以不使夹板滑脱和不过度压迫组织为宜。为防止夹板两端损伤患肢皮肤，内部的衬垫应超出夹板的长度或将夹板两端用棉纱包裹（图7-11至图7-14）。

图7-11 右前肢系骨骨折

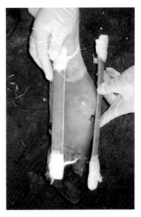

图7-12 确定夹板的
长度

图7-13 打夹板绷带

图7-14 在麻醉状态下完成夹板绷带固定

（2）石膏绷带固定法 石膏具有良好的塑形性能，制成的石膏管型与肢体接触面积大、不易发生压创、对大、小奶牛的四肢骨折均有较好固定作用。但用于大体型奶牛四肢下端骨折的石膏管型最好夹入金属板、竹板等材料加固。

（3）托马斯支架绷带固定法 可以用于前肢或后肢长骨骨折。使用时，腋窝或腹股沟要承受最大的压力并长时间与支架接触，因此应做好衬垫。托马斯支架必须按照个体情况不同而设计，如环的远端和近端的圆周、前侧支杆和后侧支杆的长度等。对于后备牛，可考虑稍微将托马斯支架做大一点，允许患肢的生长发育。为了维持肢的伸展，蹄部应与支架的底部支撑环进行固定。石膏绷带外固定与托马斯支架外固定同时使用的效果良好。

无论采用哪种外固定，均应定期检查，以防外固定材料磨损皮肤或绷带本身滑脱、破裂，或出现骨折部位的移位。有条件的牧场可在术后每周进行X线检查。一般犊牛骨折愈合能力非常快，4～5周即可形成大量骨痂，4周可解除外固定。成母牛愈合良好的情况下6～8周解除外固定。

术后功能锻炼可以改善局部血液循环，增强骨质代谢，加速骨折修复和病肢的功能恢复，并且能防止肌肉萎缩、关节僵硬、关节囊挛缩等后遗症，是治疗骨折的重要组成部分。骨折的功能锻炼包括早期按摩、对未固定关节做被动的伸屈活动、让牛自由采食、自由活动等，以促使患牛早日恢复功能。

骨折外固定的具体操作如下：

（1）骨折部位检查、确定治疗方案　为了顺利检查骨折部的变化，应尽量在检查时无痛和局部肌肉松弛。一般应采用速眠新进行全身麻醉，剂量每 100kg 体重 1mL，肌内注射。然后拆除骨折患部的临时固定材料（图 7-15），检查骨折处的局部变化，确定骨折的性质，如骨干骨折、关节内骨折、斜骨折、横骨折、螺旋形骨折、粉碎性骨折、骨折有无移位等（图 7-16），根据检查结果，确定治疗方案。

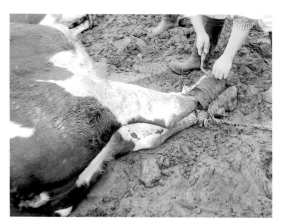

图 7-15　拆除临时固定材料，检查骨折局部变化，确定治疗方案

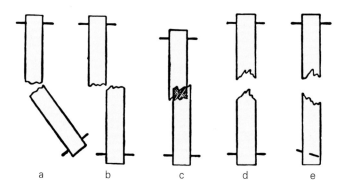

图 7-16　骨折的移位
a. 成角移位　b. 侧方移位　c. 重叠　d. 延长　e. 旋转移位

（2）骨折部的复位　奶牛四肢下端（前肢腕关节下方、后肢跗关节下方）的闭合性骨折，通过外固定进行治疗效果良好。骨折复位可使移位的骨折端重新对位，重建骨的支架作用，时间越早越好，力求做到一次整复正确。

整复时用细铁丝在蹄冠部缠绕一周（或在蹄尖部打孔将铁丝穿入），向远端牵引，使病肢保持于伸直状态。术者对骨折部托压、挤按，使断端对齐、对正；按"欲合先离，离而复合"的原则，先轻后重，沿着肢体纵轴作对抗牵引，然后使骨折的远侧端凑合到近侧端，根据变形情况整复，以矫正成角、旋转、侧方移位等畸形，力求达到解剖复位。复位是否正确，可以根据肢体外形，抚摸骨折部轮廓，在相同的肢势下，按解剖位置与对侧健肢对比，以观察移位是否已得到矫正（图7-17）。骨折部复位后，牵引的铁丝一直保持紧张状态，直到外固定完成为止（图7-18），用5%碘酊对患肢大面积消毒，消毒从蹄部直到骨折的上方一个关节部。

图 7-17　患肢骨折部整复后，蹄冠部用铁丝固定线向外牵引，碘酊大面积消毒

图 7-18　骨折整复后的牵引　保持牵引状态，防止骨折
部的移位与重叠，直到绷带打完为止

（3）石膏与夹板绷带外固定操作顺序　将石膏绷带卷放入温水（25～30℃）盆内，当绷带卷内气泡冒完时，将绷带卷取出，用双手挤压绷带卷中过多的水分后（图7-19、图7-20），从蹄冠开始向上做环形绷带，绷带卷在肢体上进行滚动缠绕，不准用力加压缠绕打绷带，每打完一层都要用手抹平绷带卷外的石膏泥，打完一个石膏卷后再将第二个石膏卷放入水中泡，如此往复进行，一般先打4～5层（图7-21、图7-22）。

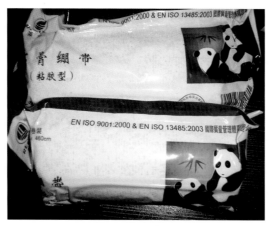

图 7-19　石膏绷带

图 7-20　用两手轻轻挤压石膏绷带，挤出过多的水

图 7-21　从蹄冠开始打石膏绷带

图 7-22　骨折部打石膏绷带

　　为了加强石膏绷带的坚固性，在打完 4~5 层石膏绷带后，用脱脂棉在石膏绷带外面缠绕，使患肢上下保持均匀一致，以利于放置竹板。在蹄冠部和骨折的上部要用厚层脱脂棉包绕，以防止竹板对蹄冠部和上方皮肤的压迫引起皮肤的坏死。在石膏绷带的前、后、内、外各附上一根竹板，用铁丝固定（图 7-23、图 7-24）。

图 7-23　石膏绷带打上 4 层后再用脱脂棉将患肢包扎，使上下呈均匀一致的平滑，外附 4 根竹板

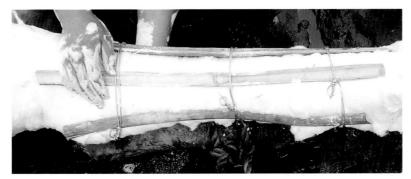

图 7-24 竹板用铁丝固定

在竹板固定后，再用石膏绷带在竹板外缠绕，每打一层都要将石膏绷带外的石膏泥抹平，在竹板外打完二层后，将蹄冠部的脱脂棉向上翻转，肢体上端的脱脂棉向下翻转，用脱脂棉包裹竹板的二端后，再用石膏绷带缠绕 3 ~ 4 层，最后将绷带外的石膏泥抹平，等待石膏绷带的硬化（图 7-25 至图 7-27）。石膏绷带硬化后，给奶牛注射苏醒灵，使牛苏醒后站立。

图 7-25 石膏绷带已打完，等待石膏硬化后，
给牛注射苏醒灵，使牛解除麻醉

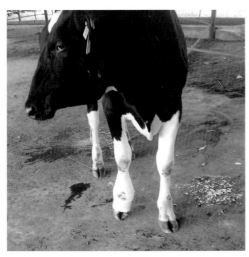

图 7-26 奶牛系骨骨折石膏绷带

图 7-27 奶牛系骨骨折石膏绷带

（4）对于四肢下端的开放性骨折　凡骨折断端整齐、没有脱落游离的骨碎片、局部污染不严重、发病时间很短的牛，要打开窗石膏绷带。

开窗石膏绷带指在打石膏绷带时，对骨折处的创伤伤面保留一个窗口，以便以后对创伤进行外科处理。在打石膏绷带时，在骨折皮肤破溃处附上铁丝编制的桥型支架，再打石膏绷带，待石膏绷带硬化后，用石膏刀切开桥型支架外的石膏绷带，显露桥型支架，作为以后处理创伤的窗口。也可按创口的大小选择相应直径的塑料瓶，将塑料瓶截断后，取有瓶底的部分扣在创口上，再打石膏绷带，待石膏绷带硬化后，用石膏刀切开瓶底外的石膏绷带，显露瓶底，以后换药时取下瓶底，换完药后再在创面上扣上瓶底。

首先对奶牛进行全身麻醉，骨折处剃毛、消毒，清理创内，清除创伤内部的血凝块、异物，用生理盐水青霉素液冲洗创腔，创围用碘酊消毒后，创面撒布青霉素，然后对骨折处进行复位，再打开窗石膏绷带（图7-28至图7-31）。

图7-28　系骨开放性骨折，做清创术

图7-29　创面撒布青霉素

图7-30　开窗石膏绷带

图7-31　开窗石膏绷

3. 药物治疗与护理　术后5天内，注意检查奶牛的体温、采食与反刍情况，特别注意石膏绷带的松紧度。用手背感觉蹄壁的温度，如果蹄壁变凉、体温升高、采食与反刍异常时，应怀疑石膏绷带装置过紧，引起骨折肢体的血液循环障碍，应拆开绷带检查，但这种情况很少发生。

应用抗炎与镇痛药，可使用非甾体抗炎药（氟尼辛葡甲胺或美洛昔康）。如果骨折处的皮肤有创伤，但不是开放性骨折，为防止局部皮肤的创伤感染，可使用抗生素。外固定15天后，为了加速骨痂的形成，可给牛补充维生素ADE注射液。

奶牛可单栏饲养或放入病牛舍内饲养，让牛自由活动、自由采食，注意绷带的装置情况，发现绷带松动时，应及时加固，确保骨折外固定的牢固性。绷带拆除时间，犊牛一般4~5周，成乳牛一般6~8周（图7-32、图7-33）。

图7-32 骨折外固定饲养的牛

图7-33 石膏与夹板绷带固定的康复过程中的牛

4.外固定拆除后的奶牛饲养 绷带拆除后，奶牛还会有轻度到中度的跛行，这是正常现象。随着肢体的运动和负重，在应力线上的骨痂不断地得到加强和改造。骨小梁逐渐调整而改变成紧密排列成行的、成熟的骨板，同时在应力线以外的骨痂逐步被噬骨细胞清除，使原始骨痂逐渐被改造为永久骨痂，奶牛的骨折部完全康复。

5.长骨骨折内固定 在考虑使用内固定时，最重要的还是考虑经济因素。对一些特别重要的后备牛长骨骨折可以考虑内固定，成年牛的内固定材料选取与手术均有很大困难，一般不采用。除治疗成本外，手术的成功率也受到诸多因素的影响，内固定材料的选择、术后恢复及功能重建等因素都直接影响手术的效果。因此奶牛骨折的内固定技术开展仅限于研究机构和高校，牧场奶牛的骨折内固定技术的开展还需要一个学习与实践的过程。

第八章　横穿卧床引起的腰肢疾病

奶牛横穿卧床常有发生，因横穿卧床引起的腰部及肢蹄部疾病逐渐增多，轻者引起腰部的挫伤，重者引起腰椎的断裂、脊髓损伤或背腰部皮肤大面积撕裂。

【病因】卧床结构不合理，特别是颈杠过高，奶牛容易向卧床对侧窜过；也因卧床拆掉了挡胸板，奶牛向卧床前面卧，当巡栏人员驱赶奶牛时，奶牛趁机窜入卧床对侧（图8-1、图8-2），引起背腰部的损伤。

图 8-1　奶牛窜入卧床前　　　　　　　　图 8-2　奶牛窜入卧床二颈杠之间

【症状】

（1）腰部的皮肤擦伤，皮肤表皮磨损（图8-3）。

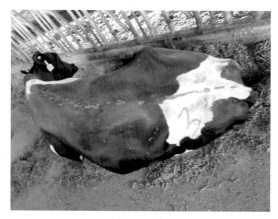

图 8-3　腰荐部皮肤被颈杠的摩擦引起的损伤

（2）胸、腰部皮肤的撕裂创，皮肤坏死、皮下大面积化脓（图 8-4、图 8-5）。

图 8-4　腰部皮肤坏死、化脓

图 8-5　胸部背侧皮肤大面积坏死

（3）胸、腰椎损伤，卧地不能起立（图 8-6）。胸椎处皮肤坏死，胸椎棘突骨折，局部严重化脓（图 8-7）。

图 8-6　横窜卧床牛卧地不能起立

图 8-7　胸椎棘突骨折、皮肤大面积坏死

【治疗】

（1）对刚刚发生横窜卧床的牛，要检查背腰部皮肤损伤的程度。皮肤发生挫伤的，要用碘酊消毒受挫部位的皮肤，防止受伤的皮肤发生感染与坏死。

对皮肤发生撕裂创的奶牛，要立即将牛上颈枷保定，对创围进行剃毛、清洗与消毒，修正创面，凡能缝合的要尽快缝合受伤的皮肤，皮肤不能对合的创伤，要用灭菌纱布覆盖创面。

（2）临床最多见的是奶牛的背腰部受伤的皮肤已经发生了严重的感染与化脓。处理的原则是：清除坏死的皮肤与肌肉组织，消除创囊，取出破碎的骨组织。当创伤伤面较小时，可采取促进肉芽生长、按创伤第二期愈合的处理方法治疗；当伤面较大时，要采取自体皮肤移植术，使受伤的皮肤创覆盖上皮组织而愈合。

自体皮肤移植方法：

①创面的准备。横窜卧地引起的背腰部皮肤大面积坏死、化脓创，要对创面进行处理。创伤处理程序为创围剃毛、5% 碘酊消毒。清除创面的脓痂。用 0.1% 新洁尔灭液清洗创面，剔除创面上覆盖的所有脓性物。如果创面存在创囊，可在创囊深部对应的皮肤

处做小切口，新洁尔灭冲洗创囊，同时取出创囊深部的所有坏死组织、骨碎片、异物。最后用含有青霉素的生理盐水冲洗创面与创囊，用抗生素软膏（白凡士林 500g，液体石蜡油 120mL，装在搪瓷缸内，在电炉上加热熔化、搅拌均匀并加热到 100℃后关闭电炉，待凉至 40℃时，加入乳酸环丙沙星原粉 10g，用玻棒搅和均匀，制成环丙沙星软膏，备用）覆盖创面，用纱布垫保护创面。第二天再换药按上述方法处理。当创面肉芽生长至粉红色、颗粒状、平整，与周围皮肤创缘接近齐平时，即可在肉芽面上植皮，从感染的创面处理后到健康肉芽面形成 5~6 天（图 8-8、图 8-9）。

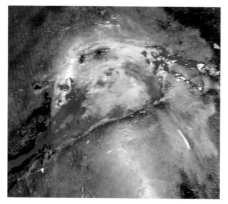

图 8-8　植皮前的创面

图 8-9　植皮前的创面

②供皮区的准备。取自体颈部的皮肤。因颈部皮肤薄，皮肤移动性大，取皮后的皮肤缺损面，可以将两侧皮肤创缘缝合而愈合，不影响奶牛颈部活动，对奶牛健康无任何影响。

在颈侧剃毛、肥皂水清洗、擦干、75% 酒精消毒 2 遍，按 1：5（即受皮区面积 5，供皮区面积 1）的比例进行取皮。在供皮区用 0.5% 盐酸普鲁卡因做局部浸润麻醉，然后再用 75% 的酒精进行消毒。做梭形皮肤切口，将梭形切口内的皮肤片剥离下来，尽量不要带皮下组织。

将切下的皮肤片浸泡在生理盐水青霉素溶液的灭菌搪瓷盘中（图 8-10、图 8-11）。

图 8-10　在颈部剃毛、消毒、
　　　　　取皮

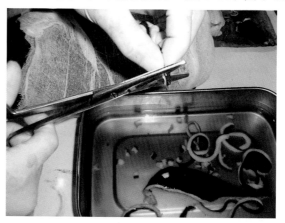

图 8-11　将皮瓣剪成 0.3cm×0.4cm 的小皮块
（引自王春璈）

③肉芽面准备。肉芽面用生理盐水青霉素棉球轻轻沾去脓液及污物后，肉芽面保持新鲜、无污染状态。

④植皮。采用坎植。用尖头手术刀在肉芽面上做创囊，手术刀尖与肉芽面呈45°刺入0.5cm深，然后将刀柄竖直，使肉芽创形成创囊，左手用镊子夹持皮块坎夹在肉芽面的创囊中，再用镊子顶住皮块，抽出手术刀。每隔1.5cm植一个皮块，小皮肤块的有毛面朝外，皮肤块的3/4或全部埋在肉芽面内。整个创面要全部埋植上皮块（图8-12、图8-13）。

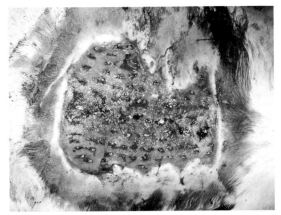
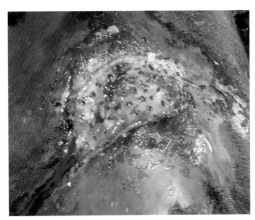

图8-12　奶牛背部创伤皮肤移植0天（坎植）　　　图8-13　奶牛背部创伤皮肤移植（坎植）0天

⑤用生理盐水青霉素棉球轻轻沾去植皮创面上的血凝块，用抗生素软膏灭菌纱布覆盖在植皮创面上（图8-14），外面再用纱布垫覆盖在抗生素软膏灭菌纱布外面，将纱布垫缝合在皮肤上以防滑脱。

图8-14　植皮创面用环丙沙星软骨纱布
覆盖、缝合、固定

⑥植皮后每隔3天更换一次敷料，在更换敷料时也要用生理盐水青霉素溶液棉球沾去植皮创面上的渗出物，再次覆盖抗生素软膏灭菌纱布和覆盖纱布垫，并将纱布垫缝合

固定在皮肤上。

植皮后 24h，皮肤块毛细血管网与肉芽面毛细血管网即可建立联系、再通，皮肤块即可成活。植皮后肉芽面周围的皮肤创缘上皮组织快速向肉芽面爬行，植皮后第 7 天创面明显缩小。与此同时，肉芽面内的移植的皮肤块开始生长变大，一般经 28 天整个创面完全由皮肤上皮组织覆盖，并长出被毛，创面愈合后不留瘢痕（图 8-15 至图 8-19）。

图 8-15　背部创伤植皮后第 7 天

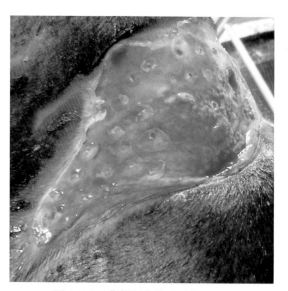

图 8-16　背部创伤植皮后第 9 天

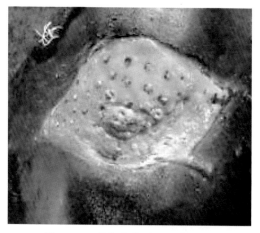

图 8-17　背部创伤植皮后第 7 天

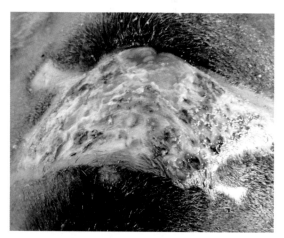

图 8-18　背部创伤植皮后第 21 天

（3）对腰部严重挫伤的奶牛，要使用非甾体抗炎药，美洛昔康或氟尼辛葡甲胺。

（4）对腰椎骨折或表现脊髓损伤的奶牛，要及时淘汰。

【预防】要有合理结构的卧床，对于颈杠过高的要在卧床中间架设钢丝绳（图 8-20）。

图 8-19　背部创伤植皮后第 28 天

图 8-20　卧床前装置的防牛横窜卧床的钢丝绳

第九章　奶牛蹄病与修蹄

规模化、集约化牧场的奶牛肢蹄病是继乳房炎和繁殖障碍疾病后在奶牛场引起严重经济损失的第三大疾病。特别是那种没有运动场的封闭式饲养场的奶牛肢蹄病发病率更高。肢蹄病的临床表现为跛行，跛行引起的经济损失巨大。

近年来我国新建了很多规模化大型牧场，牧场技术管理人员的培养跟不上快速发展的奶牛养殖业的需求。因饲养管理不当与疾病预防、治疗不当导致肢蹄病的发病率升高。在我国有些大型牧场的奶牛肢蹄病的发病率高达40%以上。

跛行是奶牛肢蹄病的临床表现，跛行包括蹄病和腰肢病。但二者在不同的牛场中的发病率有很大差异。养殖水平高的牧场牛的腰肢病与蹄病的发病率比值为1∶9。而新建的大型牧场的腰肢病与蹄病的发病率比值大约为9∶1。这是因为新建的牧场内的奶牛大多是从国外进口的，奶牛由放牧转入舍饲，奶牛不适应卧床，也不适应上颈枷采食，因而常常发生四肢关节、肌肉、韧带的损伤；当奶牛进入第二胎后，四肢关节、韧带、肌肉等部位引起的跛行发病率明显降低，蹄病的发病率明显升高。有人对1 821个牛群跛行的发病率做过统计，蹄病引起的跛行占88%，其中84%发生在后蹄（外侧趾占85%）。由此看出，二胎以上的规模化牧场的奶牛肢蹄病是以蹄病为主。特别是那些饲养规模较小的、建场时间较久的牧场，由于缺乏保健性修蹄与浴蹄，蹄病的发病率更高。因此，做好蹄病的预防与保健是牧场工作的重要环节，要有合理的蹄的保健规程并严格执行。

奶牛蹄病预防规程主要包括浴蹄、修蹄和蹄病治疗三部分内容。蹄病预防规程的制定，要根据各场具体情况采取相应的方案。

第一节　奶牛的蹄浴

蹄浴是目前牛场中常用的蹄保健方法之一，从生产实践来看，蹄浴对发生于指（趾）间皮肤和蹄踵处的部分蹄病具有良好预防效果，如蹄疣病的预防性蹄浴。通常认为，蹄浴对累及蹄壳的蹄病作用不大，如蹄叶炎、蹄底溃疡等，多数学者认为其主要原因是蹄壳对浴蹄药物或化学制剂的吸收效果较差。

常用蹄浴的方式有两种，一种为湿浴，一种为干浴。湿浴视牛群规模和牛场建设情况，可用蹄浴池浴蹄，也可用喷壶等工具逐头喷洒浴；干浴使用干粉制剂浴蹄，可直接将蹄浴剂撒于奶牛必经的避风通道地面，当奶牛从其路面通过时起到浴蹄的作用。或建一个干浴池，将有蹄病的牛赶到干浴池内站立一段时间进行干浴（图9-1）。

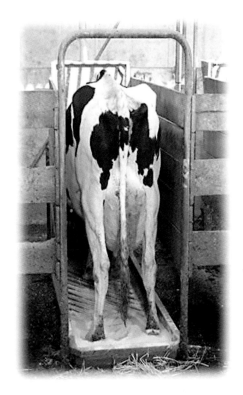

图 9-1 奶牛蹄病的干浴池

在规模化大型牧场，一般采用药浴液对牛蹄进行蹄浴。由于牛蹄部常常黏附粪污，为了使牛蹄的蹄壳和蹄部皮肤能够充分接触药液，浴蹄前，要彻底清洗掉牛蹄表面上的粪污。为此，在牛进入药浴池之前先经过清水池的洗刷后，再进入药浴蹄池进行蹄浴。蹄浴过程中要保证药浴液的有效浓度和蹄部的有效药浴时间，使其发挥作用。要想确保牛群肢蹄健康，蹄浴不能替代环境卫生管理和修蹄，只能作为辅助方法与后两者协同进行。蹄浴效果是否理想，取决于牛场蹄病的主要发病原因、蹄浴池的设计、蹄浴液的选择和浴蹄频率等因素。

一、蹄浴池

蹄浴池是奶牛蹄浴的主要设施，常建于挤奶厅出口的赶牛通道上。蹄浴池长 3m，宽度要根据挤奶厅通道的宽度设计，但至少不能少于 90cm，浴蹄池周边的高度至少 15cm。在通道上建两个蹄浴池，前一个为清水池，起清洗牛蹄的作用；后一个放入蹄药浴液；二池的中间间隔 1.5~2m。二池之间的地面铺设胶垫，避免牛蹄在清水池内带出的水稀释蹄药浴池液体。每个蹄浴池池底最低点处设置排水孔，以便清理废液及排出废水。浴蹄时，蹄浴液的深度为 10~12cm，确保完全浸没牛蹄（图 9-2 至图 9-8）。

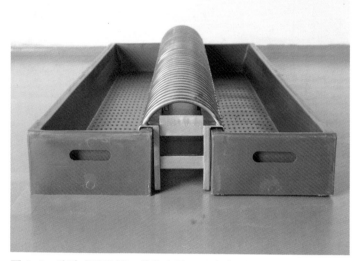

图 9-2 蹄浴池

图 9-3 移动式蹄浴槽,其特点是可以移动,根据需要放在牛进出通道上

图 9-4 移动式蹄浴槽的使用方法

图 9-5 放在牛通道上的移动式蹄浴槽

图 9-6 在挤奶通道上的蹄浴池

图 9-7 硫酸铜蹄浴液液面在蹄冠稍上方

图 9-8　奶牛经过蹄浴池

二、蹄药浴液

蹄药浴分为湿浴和干浴两种方法。湿浴方法根据所选的制剂可分为护蹄性浴蹄和治疗性浴蹄。常用的护蹄性蹄浴液为福尔马林溶液、硫酸铜溶液、硫酸锌溶液等，治疗性蹄浴液为土霉素溶液、四环素溶液、林可霉素溶液等。干浴方法可用硫酸铜和熟石灰混合物或蒙脱石干粉性环境消毒剂进行蹄浴。

1. 福尔马林溶液　福尔马林溶液（3%~5%）是最便宜的蹄浴液。该制剂对指（趾）间皮炎具有很好的控制效果，同时也对腐蹄病的预防具有一定的作用，也可与抗生素溶液交替使用以控制蹄皮炎。使用福尔马林溶液浴蹄时，在牛群蹄部清洁的情况下，蹄药浴池每 400~500 头牛浴蹄后，应排空蹄药浴池内的溶液更换新配制的溶液；如果浴蹄前未清洁牛蹄，或蹄浴池被牛粪污染，则需提高更换福尔马林溶液的频率，可调整为每通过 300~400 头牛更换一次，以保证药浴蹄的效果。福尔马林溶液有非常好的抑菌效果和部分硬化表皮的功能。

奶牛浴蹄时，所用的福尔马林溶液浓度越高效果越好，但越高浓度的福尔马林对奶牛的皮肤造成化学灼伤的危险性也越大。因此，使用福尔马林溶液浴蹄时，可根据奶牛进入蹄浴池后的表现来调整蹄浴液的浓度。奶牛经过蹄浴池后，常常表现踢后腿、弹蹄子，同时蹄冠处被毛稀疏直立或皮肤发红，这种情况表明福尔马林药浴液浓度过高。福尔马林蹄浴液的浓度，一般不能超过 5%。正常情况下，奶牛可耐受 3% 福尔马林溶液每天进行 2 次的连续浴蹄 3 天。福尔马林溶液具有很强的挥发性，其气味具有强刺激性，对工人和奶牛的身体可造成损伤，在特定环境下，也可能造成牛奶污染。使用福尔马林溶液浴蹄时，需在通风处使用。目前世界上很多地区已禁用福尔马林作为蹄浴液。

2. 硫酸铜溶液　4% 的硫酸铜溶液对指（趾）间皮炎有很好的控制效果，同时对腐蹄病的控制也有一定作用。配制硫酸铜溶液时，用热水溶解效果较好。常用 5% 的硫酸铜溶液浴蹄，但经试验证明，4% 的硫酸铜溶液与 10% 的硫酸铜溶液具有相同的效果。因硫酸铜会污染环境，在保证效果的前提下，应尽量使用低浓度的溶液，同时应注意废液的回收处理。

硫酸铜溶液如果被粪便污染，则很快与粪便中的蛋白质结合后失去活性。建议用硫酸铜溶液浴蹄时，奶牛先进入清水池将蹄部的粪污清洗后再进入硫酸铜蹄浴池。蹄浴池每通过 400 头牛后应更换蹄浴液。

3. Intracare 蹄浴液　为理想的蹄部保健产品（图 9-9），其主要成分为有芦荟、乙醇、抑制剂、护肤产品、防腐剂和着色剂。Intracare 护蹄液富含专门为促进蹄部健康而研发的螯合矿物质。Intracare 蹄浴液可直接用于奶牛蹄病治疗，维持蹄部健康。在使用蹄浴液之前建议先用清水将蹄子清洗干净或用清水清洁蹄浴槽使其保持干净。Intracare 蹄浴液的使用浓度为 4% ~ 5%（每 100L 水中添加 4 ~ 5L 蹄浴液），建议每 250 头牛走过蹄浴槽后更换一次溶液。对于牛群蹄部健康的防护，建议 1 周进行一次蹄浴。如有严重蹄病的牛群，建议整个牛群连续进行 3 天蹄浴。

注意事项：建议蹄浴前将牛蹄用清水冲洗干净，对干净的蹄子进行蹄浴是确保效果的关键点；或蹄浴前让牛先走过清水槽，以清洁蹄只。蹄浴后保持牛蹄不受粪便、污水等污染。

图 9-9　Intracare 蹄浴液

4. 抗生素溶液　选用抗生素溶液进行蹄浴是治疗与预防传染性蹄病的很有效的方法，但很多牧场管理者担心出现抗生素奶的残留，因而到目前为止，大型牧场还没有人敢用抗生素溶液进行蹄浴的先例。使用抗生素药浴会不会产生抗生素奶，还需要进行试验，选用哪些抗生素进行蹄浴也需要进一步研究。

常用的抗生素制剂有 0.1% 四环素溶液、0.1% 土霉素溶液和 0.01% 林可霉素溶液，也有使用林可霉素和壮观霉素混合液、红霉素溶液、泰乐菌素溶液等浴蹄的报道。用抗生素浴蹄成本较高，为了减少成本，可使用喷壶向有病的蹄部喷抗生素药液浴蹄。每种抗生素的使用周期不能超过 6 个月，以免产生耐药菌株。用抗生素溶液治疗传染性蹄病时，可连续给药 2~3 天，每 7 天重复一次。如治疗效果不佳，可在两次用药期间用福尔马林溶液浴蹄。通常情况下，用抗生素溶液进行浴蹄不会在血液中检出所用的抗生素。

5.干浴浴蹄剂　干浴浴蹄法常用硫酸铜与熟石灰的混合物作为蹄浴剂，硫酸铜和熟石灰的配比为1:9。使用时可将混合物撒于避风、干燥的奶牛必经通道路面，厚度约2cm即可，也可使用适宜的工具或干燥的蹄浴池浴蹄。目前市售的蒙脱石粉干燥消毒剂可用于传染性蹄病的浴蹄，效果较好。

三、浴蹄对象

常规浴蹄：没有传染性蹄病的牛群，只对泌乳牛群进行浴蹄。

传染性蹄病浴蹄：发生传染性蹄病的牛群，分别对泌乳牛、干奶牛、青年牛、后备牛群进行浴蹄。

四、浴蹄频率

常规浴蹄：连续2天使用同一种药物（硫酸铜）浴蹄后，间隔2天再次连续用另一种药物（甲醛）浴蹄，一直循环以上程序。

传染性蹄病浴蹄：泌乳牛群连续3天使用甲醛浴蹄后，连续2天硫酸铜浴蹄，中间不停歇；青年牛和干奶牛牛群连续2天使用甲醛浴蹄，间隔2天后，再次连续2天使用甲醛浴蹄；所有传染性蹄病牛群一直循环以上程序，直到牛群没有传染性蹄病后再执行常规浴蹄。

感染性蹄病发病率较低的牛场，可夏季每周浴蹄3次，冬季每周浴蹄2次即可达到理想的护蹄效果；国外，判断浴蹄频率的方法是根据奶牛后肢皮肤清洁度判定浴蹄次数，评分方法参考图9-10。评估时，可在每组牛群内随机选取10%~15%的牛进行评分。如果3分、4分牛占被评分牛的1/4以下，可按需浴蹄；如3分以上的牛占1/4~1/2，则每周至少需要浴蹄2次；如3分以上的牛占1/2~3/4，每周应浴蹄5次；3分以上的牛占3/4以上时，需每周进行浴蹄7次，直至环境改善。此法可辅助判定浴蹄频率，但还应对照牛场中感染性蹄病的发病率及类型确定适宜本场的浴蹄频率。

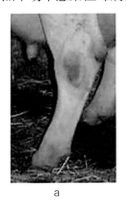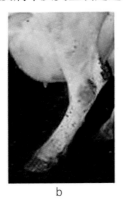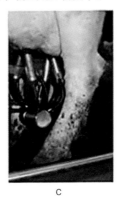

a　　　　b　　　　c　　　　d

图9-10　后肢清洁度评分

a.1分　b.2分　c.3分　d.4分

（引自《奶牛疾病防控治疗学》）

五、浴蹄液更换频次

药浴池每400~500头更换一次药浴液，清水池每300~400头更换一次。

六、奶牛蹄浴与环保

绝大多数现代化牛场的蹄浴池建于挤奶厅出口的赶牛通道上，但有些牛会在出挤奶厅后站立不走或行走缓慢。蹄浴池的最佳设计位置为奶牛能够保持持续运动状态的通道上，这样可提高工作效率。一般要求在奶牛浴蹄后，在干燥干净的环境中保持30min。这样可使蹄药浴液在牛蹄部发挥作用。

每次用完的蹄药浴液应排入粪池内。这样，废液即可被牛场内的污水、污粪稀释而失去效力，经一段时间后可用于农田内。如果硫酸铜用量较大，则需考虑牛粪还田后残留的铜含量是否有植物毒性和土壤对重金属的负载能力，高浓度的铜可损伤植物的根系。国内外已有因铜的植物毒性导致粮食减产或农作物死亡的报道。所以，浴蹄药液的选择与浴蹄药液的排放是大型牧场应当重视的问题。

第二节 修蹄常用器材与设备

一、修蹄用的奶牛保定设备

修蹄常用的保定设备有修蹄台或修蹄车，修蹄车有国产的也有进口的，分别介绍如下。

1. 国产修蹄车

（1）液压式修蹄车（图9-11、图9-12）。

图9-11　液压式修蹄车侧面　　　　　　图9-12　液压式修蹄车正面

（2）牵引式修蹄车（图9-13、图9-14）。

图9-13　牵引式修蹄车

图9-14　牵引式修蹄车后面及机箱

2.进口修蹄车

（1）法国站立式修蹄台（图9-15、图9-16）。

图9-15　法国站立式修蹄台

图9-16　法国站立式修蹄台

（2）美国站立式修蹄台（图9-17）和其他进口修蹄车（图9-18）。

图9-17　美国站立式修蹄台（简易型）

图9-18　进口修蹄车

二、修蹄其他设备与器材

1. 修蹄刀　见图 9-19 至图 9-26。

图 9-19　双面蹄刀

图 9-20　双面蹄刀

图 9-21　左手用蹄刀

图 9-22　习惯用左手蹄刀

图 9-23　右手用蹄刀

图 9-24　右手用蹄刀

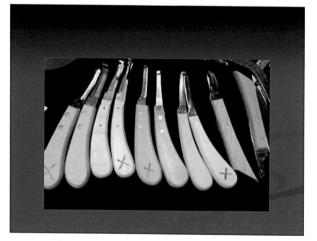

图 9-25　不同类型修蹄刀

图 9-26　L 形蹄刀

2. 电动蹄打磨器　见图 9-27、图 9-28。

图 9-27　电动蹄打磨器

图 9-28　电动蹄打磨器

3. 剪蹄器　用于剪断蹄部过长的角质（图 9-29）。

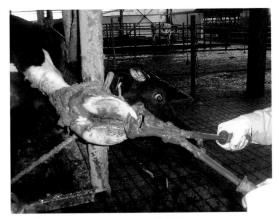

图 9-29　剪蹄器

4. 检蹄器　用于诊断蹄底疼痛部位的一种器具（图 9-30）。

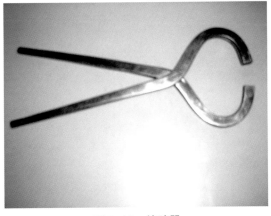

图 9-30　检蹄器

5.修蹄测量尺　见图 9-31。

图 9-31　修蹄用尺子

6.蹄绷带　主要用于蹄包扎，有纱布绷带、弹力绷带和黏性绷带等（图 9-32、图 9-33）。

图 9-32　胶质蹄绷带

图 9-33　各种蹄绷带

7.蹄托与黏合剂　见图 9-34、图 9-35。

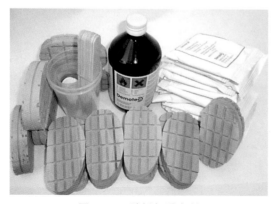

图 9-34　蹄托与黏合剂

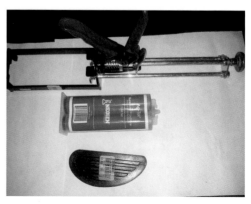

图 9-35　蹄托与黏合剂

8.常用药品及其他　5%碘酊、75%酒精、3%过氧化氢、生理盐水、5%新洁尔灭、高锰酸钾、松榴油、土霉素、速蹄康（水杨酸、磺胺嘧啶、硫酸铜，比例1∶2∶3）、青霉素、3%盐酸普鲁卡因、脱脂棉、注射器等。

第三节　修　　蹄

蹄是奶牛重要的支撑和运动器官。修蹄可以维持牛蹄的正常形态，使牛的体重均匀地分布到四蹄的负重面。修蹄对于维持奶牛的肢蹄健康和提高产奶量是必不可少的工作，是奶牛场奶牛保健的重要规程之一。

1.修蹄场所、所需设施与器械、药品　规模化奶牛养殖场要有修蹄台，一个万头牛群的牧场至少有2个修蹄台，1台放置在大奶厅供变形蹄普修及干奶牛修蹄使用，1台修蹄车放置在病牛院供蹄病牛治疗及青年牛变形蹄普修使用。规模较小的奶牛养殖场根据牧场奶牛的数量也要配备奶牛修蹄台。

修蹄台安装的位置与所需物品：一般常规修蹄应将修蹄台安装在大挤奶厅的一侧回牛通道旁，修蹄台的一侧要有待修蹄奶牛的存牛区，在修蹄台的另一侧要有修完蹄的牛存牛区。待修蹄区与已修完蹄的存牛区都要有饮水槽（图9-36至图9-38）。热应激严重的牧场，要在修蹄台、待修区和修完蹄牛的存牛区安装电扇及喷淋降温设施。为了便于赶牛，需要设计合理的上修蹄台、赶牛和奶牛回牛舍的通道。

图9-36　修蹄区域全景
修蹄车、待修区域、回牛通道、饮水槽

图 9-37　待修蹄区域

图 9-38　待修区及回牛通道内均设有饮水槽

一个万头规模的奶牛场，还要有奶牛疾病治疗区。在奶牛疾病治疗区内要安装 1 个修蹄台和 2～3 个奶牛站立保定栏，兽医治疗区要靠近小挤奶厅，安装由小挤奶厅通向病牛治疗区进牛通道和通向病牛舍的回牛通道（图 9-39 至图 9-41）。

图 9-39　将病牛分离到兽医治疗区

图 9-40　兽医治疗区修蹄台、保定栏

图 9-41　兽医治疗区赶牛通道及保定栏

每个修蹄台要配备放置修蹄器械的操作台和储存修蹄器械的贮存柜，要配有自来水水管，修蹄台上方要安装照明灯，修蹄台旁要有电源插座、垃圾箱等。

每个修蹄台要有以下修蹄器械：保定绳、电动磨光机 1 个、专用刀片 2 个、钩刀 2 把、L 形刀 2 把、检蹄器 1 个、剪蹄器 1 把、磨刀石 1 块、止血钳 2 把、手术刀柄及刀片，绷带及纱布、脱脂棉、碘酊及酒精、生理盐水、3% 过氧化氢、5% 新洁尔灭、松馏油、土霉素、青霉素、2% 普鲁卡因、蹄速康（水杨酸、磺胺间甲氧嘧啶、硫酸铜，配比为 1：2：3），蹄泰及注射器等。

2. 需要修蹄的牛

（1）泌乳牛的修蹄　每个月对所有泌乳牛进行变形蹄统计，分批次进行修蹄；或根据信息管理系统的记录，对产后 120 ~ 150 天的牛群，每天对挤完奶下挤奶台后的奶牛，挑出变形蹄牛，经赶牛通道分离到修蹄待修区准备修蹄。

（2）干奶牛的修蹄　根据信息管理系统的记录，对妊娠 214 ~ 218 天将要干奶的所有牛，每天或每周 2 次在奶牛挤完奶下挤奶台后，分离到修蹄待修区准备修蹄。

（3）大胎青年牛的修蹄　每周进行 1 次巡圈，发现变形蹄的奶牛进行修蹄；或根据信息管理系统的记录，对妊娠 217 ~ 223 天青年牛群，每周 2 次挑出变形蹄牛，分离到修蹄台待修蹄区，然后进行修蹄。

（4）蹄病牛的修蹄　在奶牛回牛舍的赶牛通道上，容易发现跛行牛，走在回牛通道最后面的牛往往是跛行严重的牛，对跛行牛记录牛号，待奶牛回到牛舍后，根据已记录的牛号再在牛背上喷漆或涂蜡标记。挑出标记的牛，分离到指定修蹄台的待修区，准备修蹄。

3. 修蹄流程

保健性修蹄：保定—清理蹄部—剪蹄尖—打磨蹄底—修蹄弓—松解保定—回牛舍。

蹄病牛的修蹄：保定—清理蹄部—检查蹄底角质有无腐烂；检查蹄球有无肿胀，蹄球角质与皮肤结合处有无裂开；检查蹄壁角质有无异常；检查白线有无开裂；检查蹄冠有无红肿、瘘管；检查系部有无肿胀、疼痛；检蹄钳钳压蹄底各部位，确定蹄底有无痛点—确定蹄病的修蹄与治疗方法。

4.奶牛的保定　将修蹄台的台面放置到竖立垂直状态（图9-42、图9-43），再将牛驱赶到修蹄台架内。一旦奶牛进入修蹄台架内，就要迅速关闭修蹄台颈部控制挡架，防止奶牛窜出修蹄台架外（图9-44）。打开胸、腹带控制开关，使胸、腹保定带挡板到达奶牛的胸、腹下方，但防止腹带挤压到乳腺（图9-45）。修蹄台钩挂式胸腹带要注意观察胸、腹带的长度是否合适，必要时可以调整胸带与腹带的长度，然后打开台面控制挡使台面放倒至接近水平状态时关闭台面控制挡，对奶牛四肢进行保定。四肢完全保定牢固后再将修蹄台台面完全放倒至水平状态。因为有时在修蹄台的台面突然完全翻倒至水平状态时，奶牛惊恐，往往将二前肢收于胸下，二前肢系部距离修蹄台的固定挂钩较远，无法将前肢系部与固定挂钩捆绑。为此，修蹄台台面的放倒步骤是将台面放倒至接近水平状态时，先将二前肢掌部与修蹄台的挂钩分别捆绑保定，如果二后肢系部与固定后肢的挂钩靠近时，也要将二后肢系部分别与挂钩捆绑保定。如果二后肢跗部越过了修蹄台台面的下方，二后肢暂时不要保定，待修蹄台面放平后再将二后肢捆绑保定（图9-46）。用绳子保定牛腿的部位是在悬蹄之上的掌部（前肢）和跗部（后肢），便于修蹄人员操作（图9-47）。

图9-42　胸腹带挂钩可摘卸式

图9-43　胸带与腹带挂钩可摘卸式

图9-44　胸腹带整体式修蹄台，颈枷锁定牛颈部

图9-45　扣好胸、腹带，检查腹带是否挤压乳腺

图 9-46　将台面放倒接近水平状态停下

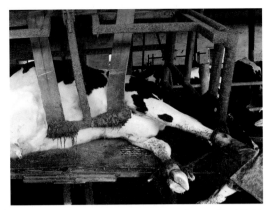

图 9-47　保定绳在悬蹄上方拴系牢固，然后放平
修蹄台台面

5.清理蹄部　用水洗刷蹄部上的粪污，为加快蹄部粪污的清洗速度，可用高压水枪冲洗；也可用喷壶和刷子刷洗，特别是蹄病牛的治疗性修蹄，必须先将蹄部的粪污充分清洗干净后再检查蹄病的部位。对于奶牛的保健性修蹄，也可用修蹄刀刮去蹄壁与蹄底表面上的粪污后再进行修蹄（图9-48、图9-49）。

图 9-48　高压水枪冲洗

图 9-49　高压冲洗设备

6.剪蹄尖，矫正蹄长　对蹄尖过长的变形蹄的修蹄，用剪蹄器剪去蹄尖过长的部分。前蹄蹄前壁的长度为8～9cm，后蹄蹄前壁的长度为7.5～8.5cm。测定蹄前壁的长度是从蹄冠缘向蹄尖部测量，为方便起见，可用并拢的四个手指从蹄的蹄冠缘向蹄尖部测量，以确定蹄前壁保留的长度（图9-50至图9-52）。如不能确定蹄尖保留的长度，修剪时允许蹄尖稍长些，但不能修剪得过短。剪蹄尖角质的原则是不能越过蹄尖部的白线，若越过了白线，角质修剪过多，易引起蹄真皮的出血和蹄尖部白线蹄真皮的感染。要将二蹄尖合拢，比较蹄尖的长度和形状是否符合要求（图9-53）。

图 9-50　剪去过长的蹄尖部

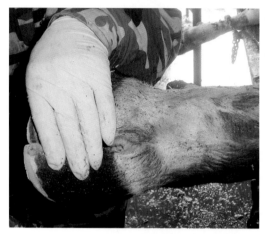

图 9-51　测量前蹄壁确定蹄尖剪除长度

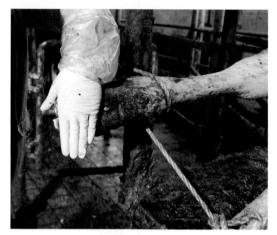

图 9-52　测量前蹄壁确定蹄尖剪除长度

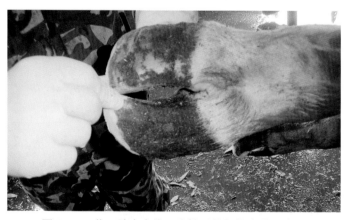

图 9-53　将二蹄尖合拢，比较形状与长度是否合理

　　7. 打磨或修整蹄底　用磨光机打磨，也可用 L 形修蹄刀修平蹄底。后蹄先修内侧蹄，前蹄先修外侧蹄。使奶牛蹄底角质厚度保持约 5mm 厚。磨光机打磨蹄底或用修蹄刀修蹄的部位主要集中在靠近蹄尖的位置，蹄踵处不修整。电磨光机打磨后或修蹄刀修整后，蹄壁与蹄底间可见清晰的白线部。如果前蹄的内侧指尖处的角质修剪不到位，蹄会长得过长或变成卷蹄，也会导致蹄踵变低。绝大多数奶牛的内侧指蹄踵无

需修整。如需要修整，对应的外侧指蹄踵也应作出相应修整，以保持二蹄踵高度一致。然后再修外侧蹄，重复以上操作。经过电动磨光机打磨蹄底或用 L 形修蹄刀修整底，使二指从指尖至蹄踵方向将蹄底厚度修整一致，使二蹄底在同一水平面上（图9-54 至图 9-56）。修整蹄底的原则是避免蹄底有凸起的角质，蹄壁与蹄底面的夹角为50°。

图 9-54　打磨蹄底

图 9-55　打磨蹄底

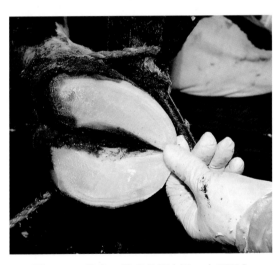

图 9-56　检查二蹄底是否在同一水平面上

8. 修蹄弓　用蹄刀先将内侧蹄壁削成平面（图 9-57），再将蹄底轴侧部中 1/3 部分与内侧蹄壁交界处，向远轴侧方向削成盘状，重建负重面。修整时注意不要削掉蹄底与内侧蹄壁交界处过多角质，更不要削掉蹄尖部过多角质，以免伤及蹄底与蹄尖部真皮层。用蹄刀消除内、外侧指（趾）轴侧壁过多与不规整的角质，使指（趾）间光滑平整，光滑无棱角，蹄弓角度要在 15° 以上，保证蹄底负重面宽度大于 1.5cm（图 9-58、图 9-59）。

图 9-57　用蹄刀修平内侧蹄壁

图 9-58　修蹄弓，保持蹄底负重面宽度大于 1.5cm

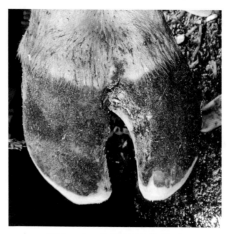

图 9-59　修蹄弓后的蹄形

9.松解奶牛四肢蹄部的保定绳　打开修蹄台台面控制挡使修蹄台面竖起，打开胸部、腹部保定带控制挡开关，松解对奶牛胸部、腹部的保定，打开修蹄台颈架门，奶牛走出修蹄台，进入修蹄后奶牛存放区，然后经回牛通道回到牛舍。

10.常规保健修蹄注意事项　干奶牛修蹄前必须进行胎检。干奶牛只修蹄后要在牛头部喷漆或涂蜡做标记，防止混入挤奶牛舍。所有干奶牛修蹄结束后，做好修蹄的登记报表工作。修蹄的顺序，遵循先修前蹄外侧蹄再修内侧蹄，后蹄先修内侧蹄再修外侧蹄的原则。所有干奶牛的尾巴长毛，都应剪去。泌乳牛的修蹄不能耽误当班次挤奶。

11.蹄病奶牛的修蹄必须先确定病变部位，再确定修蹄治疗方案　常见的蹄病有蹄底角质腐烂、白线裂、蹄球裂、蹄底真皮挫伤、蹄底真皮感染化脓、急性蹄叶炎、慢性蹄叶炎、蹄球感染化脓、蹄球蜂窝织炎、蹄指（趾）间炎、指（趾）间增生、蹄疣病、蹄冠化脓、蹄冠化脓性瘘管等。在明确诊断的基础上，根据蹄病的性质，有的是进行修蹄治疗，如去除蹄部腐烂的角质或排除蹄底真皮内积液、积脓；有的是切除增生的蹄疣或切除指（趾）间增生物，也有的是修蹄与用药物治疗相结合的方法，控制与消除蹄部的炎症发展等措施，以达到治疗蹄病的目的。

（1）进行治疗性修蹄的过程　包括清除所有疏松的角质和腐烂的角质；削除硬的凸

起的角质；彻底清除所有病变角质，病灶周围的健康角质组织可削成漏斗状。如治疗蹄底溃疡病例时，可将病灶周围坏死的角质清除掉后，偏轴侧切削病灶周围健康蹄角质，尽量不影响患趾（指）负重面（图9-60）。治疗远轴侧白线区等位置的白线病时，可将病灶周围远轴侧壁角质削掉，暴露感染的蹄真皮（图9-61）。此时，蹄真皮内蓄积的脓液或渗出液流出，显露出淡灰色的蹄真皮。不要误认为淡灰色的蹄真皮已经发生了坏死，一般感染区内的蹄真皮表面都有一薄层脓液，其下面就是健康的蹄真皮，如果用手术刀切开就要引起出血，出血引起修蹄术野模糊不清，不仅影响修蹄操作，而且还可引起蹄真皮的再感染。为此，当将病变处的角质剔除暴露蹄真皮后，尽量保护蹄真皮免受修蹄刀的切割，避免蹄真皮的出血。如果蹄真皮已经发生了坏死，就应当把坏死的蹄真皮用手术剪小心地剪除，剪除坏死的蹄真皮是不会出血的。

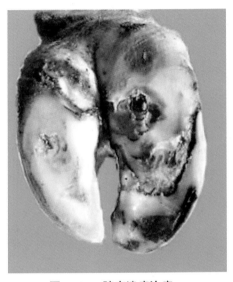

图9-60　蹄底溃疡治疗

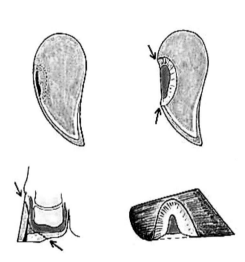

图9-61　白线病的治疗

（引自《奶牛疾病防控治疗学》）

（2）调整患指（趾）负重状态　通过削低患指（趾）蹄底或垫高健指（趾）蹄底的方式减轻患指（趾）的负重状态，可以促进患指（趾）的恢复。绝大多数病例的病变发生于后肢的外侧趾和前肢的内侧指。修蹄过程中应针对牛蹄的具体情况，采取相应的修蹄方法。修蹄总的原则是减轻患指（趾）的负重，加速病灶的恢复，使患指（趾）恢复正常的功能和健康状态。

（3）奶牛蹄底真皮感染修蹄后的康复治疗方法　常在健康的蹄底上粘附蹄垫，以减轻病蹄的负重与疼痛。蹄垫的使用方法见图9-62。

在治疗性修蹄的最后一步中，通过调整两指（趾）的高度可加速患趾的恢复。但对于疼痛严重的或难以人为调整两指（趾）高度的病例，仅通过修蹄可能难以达到这一目的，所以需要使用蹄垫调节。目前市场上常见的有木块、塑料等多种材料的蹄垫。蹄垫用专用黏合胶固定于患肢的健指（趾）的蹄底上，以减轻患指（趾）蹄底的负重，促进患指（趾）蹄病的恢复。

图 9-62　健康蹄底黏贴木质蹄托

蹄垫的选择与使用需注意以下几点：

①按修蹄步骤修整牛蹄，在健指（趾）蹄底黏附蹄垫前，要将蹄底修平，确保蹄垫安装后不影响肢的受力。

②使用专用胶黏附蹄垫，确保粘牢。

③蹄垫长度最好比蹄底长度稍长，黏附时前端与蹄尖对齐，尾端稍长出蹄踵。粘牢后的蹄垫应与蹄底平行，近地面水平。

④涂胶时，蹄踵处用量稍少。因为蹄踵处的角质较软，比较容易受损。

⑤蹄垫黏附 4~6 周后即可去除。在黏附蹄垫期间，如果发现牛因黏附蹄垫而表现出不适，应及时检查，必要时去除。

⑥去除蹄垫后，要重新修蹄，以重建负重面。

12.理论修蹄头次计算公式

年理论修蹄头次 = 成母牛头数 ×2+ 成母牛头数 ×2%×2×12（备注：成母牛头数×2 为每年常规修蹄 2 次；成母牛头数 ×2%×2×12，式中 2% 为发病率，×2 为每头病牛要进行 2 次的处理，×12 为 12 个月）

日理论修蹄头次 = 年理论修蹄头次 /300 天

周理论修蹄头次 = 日理论修蹄头次 ×6 天

月理论修蹄头次 = 日理论修蹄头次 ×25 天

根据牧场奶牛头数确定牧场的修蹄专业技术人员的数量。一般熟练的修蹄工，每个工作日可为 28 ~ 30 头牛进行保健性修蹄。以上数据供牧场管理人员参考。

第十章　奶牛常见的蹄病

第一节　奶牛蹄叶炎

　　蹄叶炎是蹄真皮的弥散性无败性炎症。按其病变程度可将蹄叶炎分为急性型、亚急性型和慢性型。蹄叶炎通常侵害几个指（趾）。最常发病的是前肢的内侧指和后肢的外侧趾。

　　急性蹄叶炎多发于突然采食大量谷物饲料后的奶牛。规模化奶牛养殖场，如果全混合日粮（TMR）混合不均匀，奶牛会舔舐精料，由于采食精料过多而发生急性蹄叶炎。据统计，奶牛急性蹄叶炎的发病率为 0.6%~1.2%。亚急性型蹄叶炎可见于饲喂含有大量碳水化合物日粮的青年肉公牛，也见于长期饲喂泌乳牛剩料的青年牛群。慢性蹄叶炎患牛多见于日粮精粗比高和能量不平衡的泌乳牛群。对于牧场来讲，亚临床型蹄叶炎对成年牛造成的经济损失较蹄底溃疡、白线病等更为严重。我国新建了大量规模化奶牛场，由于无限地追求高产，精粗比越来越高，蹄叶炎的发病率越来越高。因此，如何降低奶牛蹄叶炎的发病率是规模化奶牛养殖场应特别重视的问题。

　　【病因】奶牛蹄叶炎是奶牛最常发生的一种蹄病，是奶牛代谢性疾病的一种局部表现，因奶牛突然采食大量谷物饲料或日粮内碳水化合物饲料含量过高而引发。由于采食了大量含有碳水化合物的饲料后，瘤胃内的链球菌和乳酸杆菌大量增殖，产生大量乳酸，瘤胃内 pH 降低。当 pH 降至 5.0 以下后，瘤胃内革兰氏阴性菌在酸性环境下发生死亡，细菌崩解，释放出大量内毒素，引起奶牛的休克。奶牛发生腹泻、脱水、精神沉郁、神志昏迷、卧地不起、毒血症、死亡。奶牛这种典型的急性瘤胃酸中毒发生率在大型规模化牧场较为少见，而更为多见的是亚临床型和慢性瘤胃酸中毒。亚临床型和慢性瘤胃酸中毒与奶牛蹄叶炎的发生有密切关系。发生瘤胃酸中毒牛的瘤胃常常发生瘤胃炎，在发病的早期，可在血液中检出大量组胺。这种组胺类物质最初作用于蹄部真皮小叶的毛细血管壁，引起毛细血管壁扩张、渗出。在组织学方面可看到毛细血管充血、水肿、出血与血栓形成等病理变化。

　　还有人报道蹄叶炎的发生与上皮生长因子（EGF）受体有关，该受体位于指（趾）部真皮细胞上。受损的消化道黏膜释放大量的 EGF 可能成为蹄叶炎的病因。体外试验证明，EGF 除能影响细胞的有丝分裂外，还能抑制角质生成细胞的分化。蹄真皮上的角质生成细胞分化被抑制是蹄叶炎早期一个典型的形态学特征。这一假说能解释某些蹄叶炎病例角质异常生长的原因。

最新的研究报告阐述了基质金属蛋白酶的活性在蹄叶炎病理生理学变化过程中的作用。其结果支持了基底膜变性引发蹄叶炎的假说，组织病理学研究证实明胶酶活性不足可导致基底膜上皮脱离。

蹄叶炎的病理生理学机制可简单概括为毒素影响蹄部毛细血管壁，导致角质生成细胞养分供应不足，结构性角蛋白合成障碍。当具有血管活性的毒素随血流进入蹄真皮后，影响动静脉祥，使其动静脉祥的机能丧失。继而蹄内压升高，血管破损，局部出血表现为蹄底角质粉红色或黄色着染，或蹄底表现出"暗褐色"点状变化。

通常情况下，青年牛如发生蹄叶炎可能自愈。这可能与其能够快速形成局部动静脉的侧支循环，缓解血管损伤造成的影响相关。

【症状】急性和亚急性蹄叶炎发病迅速。患牛不愿运动，运步十分困难。站立时弓背，当二前肢发病时，二后肢伸于腹下支撑体重。当二后肢发病时，二后肢伸于腹下，二前肢向后站立以支撑体重。无论二前肢或是二后肢发病，奶牛都表现喜卧。两前肢腕关节跪地或交叉站立（图10-1），后肢前伸至腹下（图10-2、图10-3）。绝大多数急性和亚急性病例表现出体温升高和呼吸次数加快。

图10-1 急性蹄叶炎牛运步时二前肢交叉

图10-2 急性蹄叶炎牛站立时二后肢前伸

图10-3 急性蹄叶炎牛站立时二后肢前伸

慢性蹄叶炎患牛，一般没有全身症状。患病奶牛站立时以球部负重，蹄底负重不确实，发病时间长久后，出现变形蹄（图10-4、图10-5），蹄延长，蹄前壁和蹄底形成锐角。由于角质生长紊乱，出现异常蹄轮，在蹄壳表面有明显的"苦难线"（图10-6）。由于蹄骨下沉，蹄底角质变薄，甚至出现蹄底穿孔。发生蹄叶炎牛的蹄部在蹄冠带下方的蹄壁与蹄冠带之间常常呈现一条直线（图10-7），这是蹄叶炎的又一特征性临床表现。

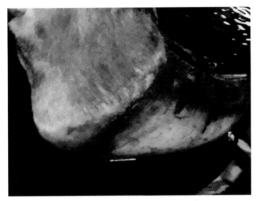

图10-4　慢性蹄叶炎，变形蹄

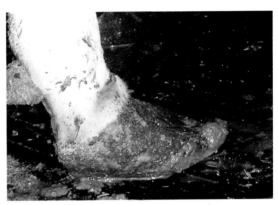

图10-5　慢性蹄叶炎，变形蹄

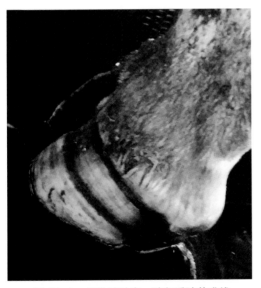

图10-6　慢性蹄叶炎，蹄角质蹄苦难线

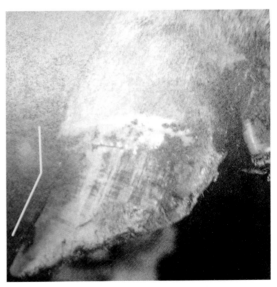

图10-7　蹄冠带与蹄壁之间呈一条直线

亚临床型蹄叶炎表现运步拘谨，较严重的病例修蹄时可见蹄底和白线部血染。蹄底溃疡、蹄尖白线病、假蹄底等蹄病都与亚临床蹄叶炎有关。如果牛群中经产牛上述蹄病的年发病率高于10%，则预示牛群中有亚临床蹄叶炎发生。如新产牛蹄冠和悬蹄周围的皮肤肿胀、潮红，也表明该牛罹患蹄叶炎（图10-8、图10-9）。当牧场奶牛的蹄病发病率高于 10%，说明与围产后期日粮精料过多有关。

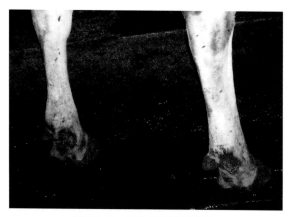

图 10-8　奶牛系部皮肤潮红

图 10-9　奶牛系部及蹄冠潮红

【诊断】驻立视诊时，可见急性和亚急性蹄叶炎两前肢腕关节跪地或交叉站立，两后肢前伸至腹下。运步视诊时可见患牛运步拘谨。发病初期，蹄部触诊温热，患肢可能有明显的颤动。用检蹄器压诊时，患牛有疼痛表现。还可对发病的奶牛进行瘤胃穿刺，抽取瘤胃液，测定瘤胃液的 pH（图 10-10、图 10-11）。正常奶牛瘤胃内 pH 为 5.5～6.8，根据测定的瘤胃液 pH，判定奶牛是否存在急性或亚急性瘤胃酸中毒。

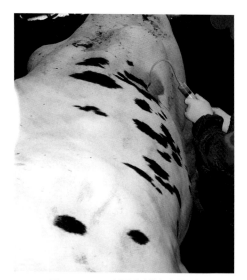

图 10-10　瘤胃穿刺抽瘤胃液

图 10-11　瘤胃穿刺抽瘤胃液

慢性蹄叶炎牛有明显变形蹄表现，蹄壳表面与蹄冠平行的方向有多条"苦难线"（图 10-12、图 10-13）。

图 10-12 慢性蹄叶炎, 蹄角质苦难线

图 10-13 蹄壁上的苦难线

亚临床型蹄叶炎患牛运步拘谨, 修蹄时可见蹄底血染或黄染, 可能伴发蹄底溃疡、蹄尖溃疡、白线病等蹄病 (图 10-14)。

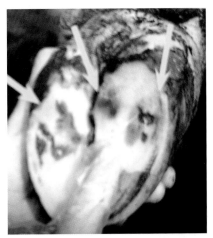

图 10-14 蹄底削蹄后, 三条黄线指示
白线裂、蹄底出血和溃疡

【治疗】一旦确诊患牛过食谷物饲料引发急性和亚急性蹄叶炎, 首先应限制其采食精料。用冷水进行蹄浴。发病后 48h 内, 使用抗组胺类药物有很好的治疗效果。在表现出急性症状前用抗炎药治疗也有很好的治疗效果。在出现临床症状 24h 后, 慎用类固醇类药物。过食精料且食入精料时间较短的急性病例, 可做瘤胃切开术, 掏出瘤胃内容物并用温水冲洗瘤胃以解除病因。

慢性蹄叶炎和亚临床型蹄叶炎患牛的治疗方法主要为修蹄矫正变形蹄, 其他治疗方法效果不好。

【预防】急性和亚急性蹄叶炎多由突然采食过多精料引起, 在规模化牧场要提高全混合日粮 (TMR) 的制作水平, 加强 TMR 混合均匀度的管理, 防止奶牛舔舐大量精料, 从而预防本病的发生。

慢性蹄叶炎患牛主要表现为蹄变形, 多见于 5 岁龄以上的牛。如牛场内患牛比例过高，需调整日粮结构，使日粮中的各种养分配比合理。同时加强修蹄管理，确保每头奶牛每年至少修蹄 2 次。

亚临床型蹄叶炎的控制应以流行病学调查（确定发病动物的年龄和时间等）和减少造成奶牛应激的风险因素为主。最重要的风险因素有：

（1）日粮中碳水化合物的质量和消化速度，如大麦和小麦的消化速度较玉米的消化速度快，粉状或湿的谷物饲料较干的和破碎料消化速度快。

（2）日粮调整应逐步调整，要有过渡。突然换料或调整配方可能引起亚临床型蹄叶炎的高发，围产后期奶牛日粮中精料喂量每天增加量最好控制在 0.20~0.25kg，总量最多不可超过 14kg。

（3）日粮中纤维的质量和比例：这可能比日粮中碳水化合物的结构更重要。日粮精粗比大于 50% 时，奶牛患瘤胃酸中毒的风险升高。日粮中酸性洗涤纤维（ADF）比例低于 20% 时，奶牛患瘤胃酸中毒的风险也会升高。生产实践中，可通过观察牛粪中长纤维和未消化的谷物性饲料来判断瘤胃健康状况和日粮是否平衡。健康牛的牛粪中不应有长度超过 1cm 的纤维或未消化的谷物，无黏液性也无纤维素性渗出物或气泡。

（4）注意日粮中矿物质和维生素的用量，其可能影响牛群肢蹄健康。

（5）奶牛舒适度：可在挤奶前 1 小时观察站立牛的头数来判断舒适度状况，其比例称为奶牛舒适度指数（CCI）。如 CCI 大于 20%，牛群舒适度有待改进，需注意牛群密度、饲槽空间、卧床数量、水槽数量等的状况。同时还可观察奶牛的反刍状况。

（6）定期对牛群进行运步评分，判断群体肢蹄健康状况，查找主要问题及原因。

第二节 蹄疣病

本病在 20 世纪 80 年代最先报道于美国，是牛的一种特发性蹄病，以指（趾）间隙掌（跖）侧的两蹄球间出现草莓样疣性增生物为主要特征。经病理组织学研究证实，病变为真性乳头状纤维瘤。美国 1991—1994 年的文献报道中，加利福尼亚州牛场的发病率为 31%～89%。我国很多大型牧场也有蹄疣病的发生，蹄疣病发病率高的牧场，在泌乳牛群占 15%～30%，在后备牛群和青年牛群中的发病率为 20%～30%。具有明显的传染性。因患病奶牛的蹄部疼痛，跛行，日久蹄球萎缩、蹄变形，引起产奶量的降低，给牧场造成严重的经济损失。

【病因】奶牛蹄疣病的病因与牛舍环境不良有密切关系，如粪道积粪，蹄部经常受到粪尿的浸泡。后备牛与青年牛舍的粪道清粪一般做得都不够及时，后备牛与青年牛一般又不进行浴蹄，所以蹄疣病可最早发生在青年牛（图 10-15、图 10-16）。青年牛怀孕到产犊后，在挤奶厅挤奶时才被发现两后蹄的蹄球间出现草莓样增生物。对手术切除的蹄疣进行病理组织检查，发现这是一种乳头状纤维瘤组织。从蹄疣病灶的内部采取病料进行细菌学检查，没有培养出细菌。但从蹄疣病灶的表面采取病料进行细菌学检查，可看到丝状真菌。也有人报道螺旋体为主要病因之一。尽管本病的确切病因不明，但厩舍不洁常为其诱因，蹄部在潮湿污浊的环境下感染真菌或螺旋体，从而引发蹄疣病的流行。

图 10-15　后备牛蹄疣病患蹄
以蹄尖触地

图 10-16　蹄疣病病牛，蹄尖触地

【症状】本病主要发生于后蹄，前蹄较少发病。初期可见一个后蹄或两个后蹄的两蹄球间长出牛毛，牛毛呈丛状。以后两蹄球间皮肤肥厚和肿胀、渗出，继则出现草莓状增生物，初期增生物扁平，病程长的形成草莓样，如草莓或鸡蛋大（图 10-17、图 10-18）。运步时疼痛，出现轻度到中度支跛。进一步发展，增殖物向邻近蹄球蔓延（图 10-19），并常常继发产黑色素拟杆菌的感染，引起蹄球糜烂（图 10-20），蹄失去蹄机功能，导致蹄球萎缩（图 10-21）。由于蹄球部疼痛，站立与运动时表现系部直立，以蹄尖部着地，久之，蹄严重变形（图 10-22）。牛蹄部剧痛，呈现重度支跛。奶牛采食量下降，产奶量降低可达 20%~50%。

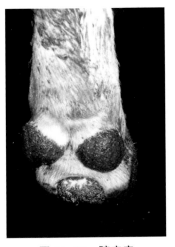

图 10-17　蹄疣病

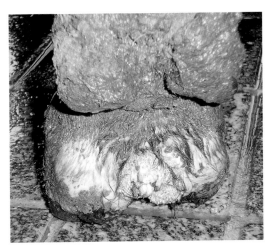

图 10-18　蹄疣病

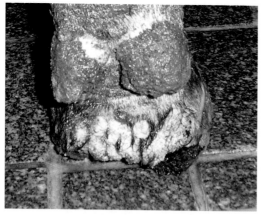

图 10-19　蹄疣病变扩延到蹄球

图 10-20　蹄球开始糜烂

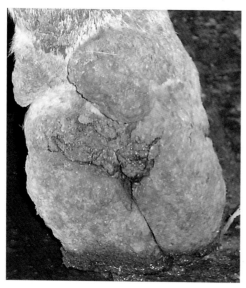

图 10-21　蹄球萎缩

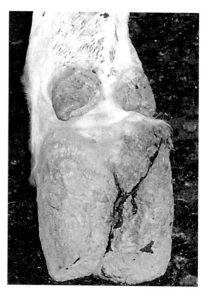

图 10-22　蹄球萎缩、蹄直立

【诊断】在挤奶厅进行诊断最为方便。奶牛上挤奶台后，用水管冲洗奶牛的后蹄，观察后蹄两蹄球之间有无蹄疣。根据症状容易确诊。

【治疗】可通过局部使用抗生素、化学制剂和手术方法治疗本病。

1. 抗生素　用抗生素治疗蹄疣病是较为通用且十分有效的方法。很多报道表明，局部喷涂四环素或土霉素制剂可有效治疗本病。治疗时，常局部喷涂 1%~3% 的四环素或土霉素溶液 10~30mL，每天一次，连续治疗 5~7 天。长期用同一种抗生素药可产生耐药菌株，可交替使用两种或两种以上的抗生素。用药期间不可用硫酸铜和硫酸锌浴蹄。

2. 消毒剂　一些消毒剂也可用来治疗蹄疣病。如酸化亚氯酸钠（$NaCl_2$），$NaCl_2$ 是一种广谱抗菌剂，可用于牛的蹄部消毒，连用 21 天。$NaCl_2$ 与有机物接触后易失效，使用前必须彻底清理蹄部。因其酸性极强（pH 2.3~3.2），所以临床上极少用来治疗蹄疣病。也有的用漂白粉治疗，但因其腐蚀皮肤和散发刺激性气味，不建议使用。还有一些使用碘制剂和过氧化物消毒剂治疗蹄病疣，但效果都不十分确实。

3.手术方法　对蹄疣较大的可以进行切除。先将患部进行机械性清洗、消毒后，进行手术切除。手术中很少出血。手术将增殖物切除后，撒布水杨酸、磺胺、硫酸铜混合粉剂（水杨酸、磺胺、硫酸铜配比为1∶2∶3），装压迫绷带（图10-23、图10-24）。

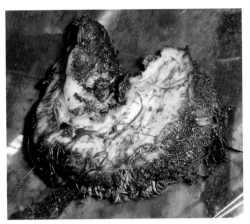

图 10-23　切下的增殖物

图 10-24　切除蹄疣后的蹄部

【预防】蹄疣病的发生多与饲养环境泥泞、肮脏有关。①要改善饲养环境，减少牛蹄与粪污的接触时间。②要制定切实可行的浴蹄规程，选用硫酸铜、硫酸锌、福尔马林、四环素、土霉素溶液浴蹄可预防本病的发生。③由于蹄疣病最早可发生在后备牛和青年牛，为此，要定期检查后备牛和青年牛群的蹄部是否发生了蹄疣病，一旦出现该病，除积极清理粪道、保持粪道的干净和卫生外，还要对后备牛与青年牛进行浴蹄。④定期评估奶牛的运步状况，做到早发现、早治疗。此外，国外有使用螺旋体疫苗控制本病的报道，但效果尚未证实。⑤用卧床干燥消毒剂对牛蹄进行蹄浴，在国外已广泛应用，卧床干燥消毒剂的主要成分是蒙脱石细粉，有进口的也有国产的。

第三节　指（趾）间皮肤增殖

指（趾）间皮肤增殖是指（趾）间皮肤和（或）皮下组织的增殖性反应。

各个品种的牛都可发生，发生率比较高的有荷斯坦牛和海福特牛。中国荷斯坦奶牛也常发病。公牛的发病率高于母牛，后蹄发病率高于前蹄。有人认为与遗传因素有关。据报道，英国三群海福特牛的发病率为37%；德国荷斯坦牛，有一个地区的总发病率为23.5%；齐长明等调查发现，在北京调查黑白花奶牛，指（趾）间皮肤增生的发生率为27.5%。

关于本病的发病年龄，国外调查最多发生在2岁，6岁以后开始减少，9岁以后不会初发本病。黑白花奶牛4~6岁的发病率最高。

【病因】引起本病的确切原因尚不清楚。一般认为与遗传有关，但仍有争论。体重过大的牛和变形蹄（尤其是开蹄）的牛，指（趾）间隙过度开张，蹄向外过度扩张，引起指（趾）间皮肤紧张和剧伸。粪、尿、泥浆等污物长期刺激指（趾）间皮肤，是易引起本病的因素。流行病学调查证实，有开蹄的公牛，25%有指（趾）间皮肤增殖，患指（趾）间皮肤增殖的公牛50%为开蹄。

【症状】本病多发生在后肢，可以是单侧的，也可以是两后肢同时发生。

从指（趾）间隙一侧开始增殖的小病变不引起跛行，因而容易被忽略。增大时，可见指（趾）间隙前面的皮肤红肿、脱毛，有时可看到破溃面。指（趾）间穹隆部皮肤进一步增殖时，形成"舌状"突起（图10-25、图10-26）。随着病程发展，突起不断增大、增厚，在指（趾）间向蹄底面增殖时，在指（趾）间的后方两蹄球沟处明显可见。其表面可由于压迫坏死，或受伤发生破溃，引起感染，可见有渗出物，气味恶臭。根据病变大小、位置、感染程度和对患指（趾）的压迫，出现不同程度的跛行。

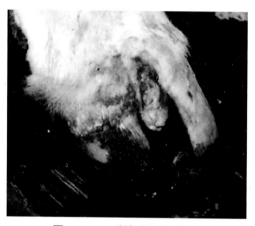

图10-25　后蹄趾间皮肤增生

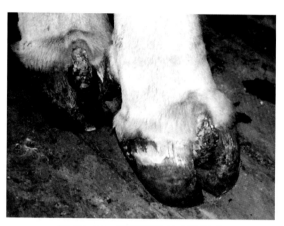

图10-26　两后蹄趾间皮肤增生

在指（趾）间隙前端皮肤，有时增殖成草莓样突起，由于皮肤破溃后发生感染，患畜驻立时非常小心，因为局部碰到物体或受两指（趾）压迫时，患畜可感到剧烈疼痛。病程长的牛，增殖物可角化。

出现跛行时，泌乳量可明显降低。由于指（趾）间有增生物，可造成指（趾）间隙扩大或出现变形蹄。

【诊断】根据临床症状，即可作出诊断。

【治疗】在初期，清蹄后用防腐剂包扎，可暂时缓和炎症和疼痛，但不能根治。对小的增生物，可用腐蚀的办法进行治疗，但不易成功。手术切除是根治疗法。

手术方法：将牛保定在修蹄保定台上，后蹄采用蹠神经传导麻醉。无修蹄保定台时，也可进行全身麻醉横卧保定。对蹄底彻底清洗后用5%碘酊消毒，蹄部打弹力止血带，用手术刀从增生物与周围健康皮肤交界处切开，剥离或切下指（趾）间增生物（图10-27）。手术过程中尽可能地多保留增生物周围的健康皮肤，切除后可缝合，也可不缝合。在切除增生物的同时，要切除增生物下面的部分脂肪。如脂肪留得过多，可在创缘之间突出，影响愈合；如切除的脂肪过多，留下大的创腔，也会影响愈合。手术时注意不要损伤深部组织，如指（趾）间韧带。创面有小动脉出血的止血方法是结扎止血，也可采取烧烙止血。术前要备好数根长 50～60cm、直径 2～3cm 的铁棍，以及电焊工用的乙炔喷枪及氧气瓶等，需要止血时，可立即用氧气烧红铁棍进行烧烙止血。止血完毕后，创面上撒布土霉素粉或涂布松馏油，外打蹄绷带。如果两蹄过度开张，可在两蹄尖处钻洞，用金属丝将两指（趾）固定在一起，术后 10 天拆除金属丝。

术后牛舍搞好清洁卫生，尽量保持蹄部干燥，一般不会发生感染和复发。

图 10-27　手术切除的趾间增生物

第四节　指（趾）间皮炎

奶牛指（趾）间皮炎是奶牛指（趾）间皮肤的一种炎症，炎症没有扩延到深层组织，患处皮肤慢性糜烂，发出腐败臭味，指（趾）间疼痛。轻度的指（趾）间炎症可能不表现跛行，重度的指（趾）间炎症可引起程度不同的跛行。

本病多见于饲养环境较差的规模化牛场。舍饲牛的发病率常高于其他饲养模式的牛，蹄踵糜烂高发的牛场，本病也可能高发。拴系饲养的牛，后肢发病率高于前肢。散放饲养的牛，前后肢发病率相差不大。

【病因】本病多发生于高温高湿的季节，环境管理差的牛场，尤其是舍饲牛易发。潮湿、牛舍不卫生为其诱因。有人已从指（趾）间病变处分离出节瘤拟杆菌和螺旋体。

节瘤拟杆菌在环境中存活时间一般不会超过 4 天，但在指（趾）间的污物内却可长期存活。此菌可侵袭表皮，但不会穿透真皮层。随着病程的发展，皮肤与蹄踵软角质结合部开裂，呈现类似溃疡或糜烂的损征（图 10-28 至图 10-30）。这时，病牛有疼痛、出现跛行。

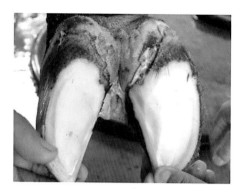

图 10-28　趾间皮炎，表皮充血、渗出

图 10-29　趾间皮炎，表皮坏死

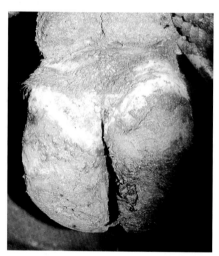

图 10-30　指（趾）间皮炎，表皮脱落

【症状】发病初期，指（趾）间皮肤呈渗出性皮炎表现。偶尔可在背侧指（趾）间隙见到炎性渗出物形成的痂皮。随着病程的发展，患畜表现不适，可见两肢交互负重的状况（不断交替踏脚）。无并发症时，不表现跛行。发病时间较长的病例，由于发病期间患畜避免用蹄踵负重，使得蹄踵处的角质增厚，会表现出步态异常。

【诊断】根据临床症状即可确诊。需与蹄皮炎进行鉴别诊断。指（趾）间皮炎和蹄皮炎之间最明显的差异是临床症状的不同，后者具有高度传染性。

【治疗】首先保持蹄的干燥和清洁，其次局部应用防腐、干燥、收敛剂，可用蒙脱石粉剂撒布于趾（指）间，每天 2 次，连用 3 天。对于严重病例，病灶要用 0.1% 新洁尔灭消毒液彻底清洗，除去渗出液和渗出液的结痂，然后用脱脂棉檫干后，局部使用抑菌剂与防腐剂治疗，如 50% 的磺胺二甲嘧啶粉和无水硫酸铜混合剂。也可将患畜置于蹄浴池内浴蹄 1h，每天 2 次，连续 3 天。

【预防】加强牛舍的管理，保持牛的良好的舒适度，保持牛蹄的干净干燥。常规修蹄有助于防止并发症。浴蹄对于有指（趾）间皮炎病史的牛尤为重要，高发季节应增加浴蹄次数。

第五节　蹄冠蜂窝织炎

蹄冠蜂窝织炎是蹄冠部皮下组织、蹄冠和蹄缘真皮及其周边蹄真皮的弥散性化脓性炎症。

【病因】原发性蹄冠蜂窝织炎多因蹄冠部外伤和挫伤，微生物从创口侵入深部组织引起感染所致。特别是蹄冠部受伤后，饲养环境泥泞的条件下，局部组织受到浸渍、皮肤软化，微生物更易侵入。继发性蹄冠蜂窝织炎，常继发于指（趾）间疾病、白线病、蹄底溃疡、深部化脓性炎症（如化脓性关节炎）、指（趾）腱鞘炎和球部关节后脓肿等。

【症状】本病发病初期常伴有全身症状，如体温升高、食欲减退、精神沉郁、呼吸和脉搏增数等，患牛产奶量明显下降。患肢不能负重或蹄尖着地。运动时呈明显支跛，严重者运步时呈三脚跳跃前进。蹄冠部泛发型肿胀，甚至突出于角质，严重者累及指（趾）间隙。蹄冠部被毛逆立，有的部位脱毛（图 10-31）。严重病例，脓肿自行破溃，破溃后排出脓汁后症状缓解。

图 10-31　蹄冠蜂窝织炎蹄冠红肿、脱毛

当蹄前壁真皮感染化脓时，脓液沿蹄壁角质和蹄真皮之间向上蔓延到蹄冠，引起蹄冠部的弥漫性肿胀，蹄冠发生化脓、破溃排出脓汁（图 10-32、图 10-33）。

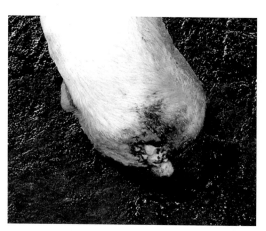

图 10-32 蹄冠蜂窝织炎，已破溃，排出脓液

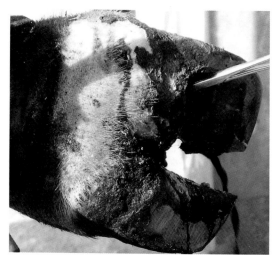

图 10-33 蹄前壁真皮感染引起的蹄冠肿胀

（引自《奶牛疾病防控治疗学》）

【诊断】患牛跛行，患肢不负重或仅以蹄尖着地。触诊患肢蹄部温热，蹄冠处肿胀，严重病例可见破溃排脓。指压患肢蹄冠，病牛有明显的疼痛反应。

用检蹄器钳压蹄底，如果蹄底出现明显的疼痛反应，说明蹄冠的蜂窝织炎是继发于蹄底的感染引起。

【治疗】对本病应全身给药配合局部治疗。全身应用抗生素，控制感染。同时配合支持疗法，如补液、补充维生素 C 等。

局部治疗时，可彻底清蹄后视病情决定治疗方法。发病初期，可局部注射 0.5% 盐酸普鲁卡因青霉素，结合全身使用抗生素和非甾体抗炎药，肿胀可能消散。如果是蹄骨或冠骨受到重度挫伤引起的骨折或骨裂，需要对患部包扎石膏绷带，绷带固定 30～40 天解除石膏绷带，患肢跛行逐渐减轻（图 10-34、图 10-35）。

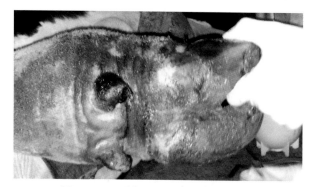

图 10-34 蹄部冠骨骨折引起的肿胀

图 10-35 系部打石膏绷带

如果是单纯的细菌感染引起的肿胀，当用局部封闭疗法和全身使用抗生素疗法无效时，肿胀处化脓，当化脓成熟时可以切开排脓。如果脓肿自行破溃，因破口较小，脓腔内脓液不能顺利排出时，可以切开排脓口，然后用双氧水清洗创内，去除坏死组织，再

用生理盐水冲洗创内，最后用浸有碘甘油的灭菌纱布条塞入创内，外打以绷带加以保护，间隔 2～3 天换一次药。处理后饲养于干净干燥的环境中。

如果是蹄底真皮感染引起的蹄冠肿胀，用检蹄钳钳压蹄底，确定蹄底感染的部位后，用修蹄刀或勾刀削去局部感染处蹄底角质，充分暴露蹄底真皮感染处，畅通排出蹄底真皮与蹄底角质之间蓄积的脓液，双氧水液冲洗，再用生理盐水冲洗，蹄底创口敷以水杨酸、磺胺、硫酸铜（配比为 1∶2∶3），打蹄绷带保护。

【预防】做好运动场维护，彻底清理运动场和栏杆上尖锐的石块、铁丝等，防止奶牛蹄受伤。做好常规修蹄护蹄，预防发生其他蹄病而引发本病。

第六节　指（趾）间蜂窝织炎

奶牛指（趾）间蜂窝织炎俗称腐蹄病，是奶牛蹄部的一种急性或亚急性坏死性皮肤真皮层的感染。腐蹄病主要由指（趾）间皮肤上的创伤引起，蔓延至蹄冠、系部和球节的一种蜂窝织炎。患牛表现出的临床症状以疼痛、严重跛行、发热、食欲减退或废绝、体况下降和产奶量下降为主要特征。

腐蹄病在规模化牛场可能呈地方流行性。其发病率与气候、季节、饲养密度和牛棚模式等有关，报道的腐蹄病发病率约占蹄病的 15%。

【病因】虽然本病的病原复杂，是一种多因性疾病。但多数学者认为坏死杆菌是本病的主要病原菌，其次为大肠杆菌、普雷沃氏菌、化脓杆菌和产黑色素拟杆菌等病原微生物都可从指（趾）间皮肤的创伤侵入。

饲养环境较差的牧场，奶牛的指（趾）间皮肤被污水、粪尿浸渍后软化，运动场或赶牛通道状况差的条件下易发生创伤，坏死杆菌可从创伤伤口侵入。其他病原微生物，如大肠杆菌、化脓杆菌和产黑色素拟杆菌等都可能引起感染。

美国学者用从腐蹄病活体标本上分出的坏死杆菌和产黑色素拟杆菌混合接种到划破的指（趾）间皮肤或皮内，引起典型的腐蹄病病变。

【症状】奶牛前后肢均可发病，但后肢多发。

发病初期症状为蹄踵的球部表现双侧对称性肿胀，肿胀可蔓延到悬蹄、系部和球节。此时，指（趾）间隙和蹄冠结合部皮肤红肿，但并未破溃。典型症状为站立时两指（趾）开张分开。24～48h 后，趾（指）间皮肤裂开，表皮层腐烂、剥脱露出真皮，有大量难闻的干酪样渗出物，患肢指（趾）间隙皮肤病变呈坏死性病变过程，局部皮肤溃烂、脱落，产生非常难闻的气味，裂口表面有伪膜形成。病程发展迅速，患肢剧痛，跛行加重。严重病例，病畜患蹄不愿负重，或系部和球节屈曲，以蹄尖轻轻负重。此时患畜有发热和食欲废绝的表现。随着病程的发展，患畜体重和产奶量显著降低。产奶量在该胎次内难以恢复正常水平。

局部形成的开放创可导致继发感染。即使坏死性损征仅见于指（趾）间隙背侧部，其掌（跖）侧关节也常发病（图10-36）。某些病例坏死可持续发展到深部组织，出现各种并发症，甚至引起蹄角质脱落。

图 10-36　系部蜂窝织炎

指（趾）间组织的血源性感染可引发超急性型腐蹄病，这种腐蹄病的典型特征为皮肤的原发性缺损、剧痛和治疗无效（图 10-37、图 10-38）。

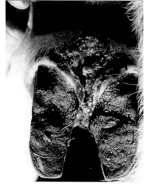

图 10-37　指（趾）间蜂窝织炎蹄部肿胀，两趾开张　　图 10-38　　指（趾）间蜂
（引自《奶牛疾病防控治疗学》）　　　　　　　　　　　　　　　窝织炎（腐蹄
　　　　　　　　　　　　　　　　　　　　　　　　　　　　　　病）指间皮肤
　　　　　　　　　　　　　　　　　　　　　　　　　　　　　　及皮下组织大
　　　　　　　　　　　　　　　　　　　　　　　　　　　　　　面积坏死腐脱

（引自《奶牛疾病防控治疗学》）

【诊断】蹄部肿胀的牛，首先应怀疑腐蹄病。根据其疼痛程度、跛行状况，结合局部检查即可确诊。

【治疗】早发现、早治疗是治疗该病的原则。治疗时可选用 β - 内酰胺类抗生素，肌内注射，连用 3 天。新发病例可用长效土霉素，肌内注射一次即可收到良好的治疗效果。也可选用磺胺类药物治疗，可用磺胺二甲嘧啶，每千克体重 0.04g，静脉注射，2 次 / 天，连用 3 天。多数病例使用抗生素治疗后可取得良好的治疗效果。

除全身用药外，也可局部注射抗生素进行治疗，常用0.5%普鲁卡因青霉素局部封闭，治疗效果较好。部分慢性感染的病例和累及指（趾）间隙前部的病例，需要进行局部清创处理。患牛上修蹄台保定后，蹄部用0.1%新洁尔灭液清洗后，彻底清除病灶内所有坏死组织，再用生理盐水冲洗创内。创口内要放置土霉素或磺胺药，然后用绷带包扎。绷带要环绕两指（趾）包扎，防止创口污染；绷带要1～2天更换1次。

【预防】隔离患畜，直至跛行症状消失。如无隔离条件，可用防水绷带包扎或使用牛蹄鞋，以免病原散播。但对使用防水绷带和牛蹄鞋的患牛，应密切注意牛的状态，以免加重损伤。牛蹄鞋如要重复使用，需彻底消毒。

加强赶牛通道、待挤厅、挤奶厅出口、水槽周围等位置的粪污清理。同时应加强卧床舒适度的管理、粪道清理，运动场上尖锐石块、铁丝、铁钉等异物的清理。暴雨季节应尽量限制牛的活动范围，尽量饲养在干净干燥的环境中。

用5%的硫酸铜和5%的甲醛溶液交替浴蹄，对本病的传播有预防效果。冬季可用蒙脱石粉干浴牛蹄。提高日粮中锌的浓度对本病有一定的预防作用。

第七节　蹄底溃疡

蹄底溃疡指蹄底角质缺损所致的蹄底真皮露出。典型的蹄底溃疡多见于后蹄的外侧趾，其次是前蹄的内侧指。奶牛蹄底溃疡的最易发部位在蹄底第4区的轴侧（图10-39）。底球结合部处的角质腐烂后露出蹄底真皮，蹄底真皮呈出血、坏死性局限性损伤。蹄底溃疡还可发生在蹄踵和蹄尖部。蹄踵溃疡发生在蹄的中部，4区和6区的交界处，该区是蹄底和蹄踵角质的相接处。蹄尖溃疡发生在蹄底1区和2区。蹄底溃疡常发于体重大、产量高的奶牛。

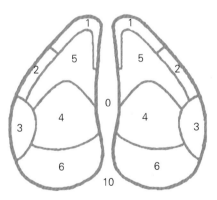

图10-39　奶牛蹄底分区

1.蹄尖白线区　2.远轴侧白线区　3.远轴侧蹄壁–蹄踵结合部　4.底–球结合部　5.蹄底三角区　6.蹄踵

【病因】亚临床型蹄叶炎是本病的主要诱因。蹄叶炎损伤角质生成组织，导致局部蹄底角质生长缓慢，而且较正常蹄底角质变软（图10-40）。在潮湿、粪污存在的环境中，角质受粪中氨气的作用而分解、腐烂，角质的完整性遭到破坏（图10-41）。最容易遭到破坏的部位是蹄骨屈腱突对应的部位，因为在亚临床型蹄叶炎时，奶牛为了缓解蹄底真皮的疼痛，在站立时，后肢伸向腹下，导致趾深屈肌腱紧张，牵引蹄骨的屈腱面，导致蹄骨移位，使蹄骨的蹄尖部刺向蹄底，压迫其下的蹄底真皮和角质，引起局部蹄底的缺血性坏死、穿孔，暴露蹄底真皮。如果病程长了，局部肉芽组织可生长至蹄底外呈红色突起，称为赘生肉芽。

图 10-40　病变处角质坏死，肉芽组织突出在坏死的角质外

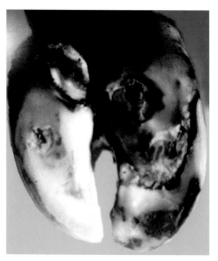
图 10-41　病变处角质变软、崩解、脱失，露出蹄底真皮

此外，修蹄不当也可引起蹄底压力的变化，引发本病。其主要原因为远轴侧蹄壁处的蹄底负重区角质切削过度或修蹄时蹄底削的不平，蹄骨屈腱突对应的角质修蹄过少，局部凸起也可导致局部受压，引发本病。蹄底溃疡的另一潜在原因为严重的蹄踵糜烂。正常情况下，负重面位于蹄球部，但奶牛发生严重的蹄踵糜烂时，负重部位前移至屈腱突直下，导致蹄底溃疡发生。

【症状】凡蹄底溃疡发病的牛，在运步时都表现程度不同的支跛，患肢落地负重时患蹄落地不确实，中医称为虚行下地。在后肢，因多发于外侧趾，在患肢落地负重时表现外展。在前肢，多发生在内侧指，奶牛运动时表现患肢内收，以外侧蹄负重从而减轻内侧蹄的疼痛。跛行表现，还与病灶大小、是否有继发感染等有关。双侧后肢患病时，两肢轮流负重，喜卧，运步拘谨。

患侧蹄温升高，指（趾）动脉搏动增强（图 10-42）。

清蹄后，早期病例可见底球结合部角质脱色，指压蹄角质柔软，患畜疼痛。进一步发展的病例，蹄底角质缺损，真皮裸露（图 10-43），也可见于蹄底三角区的蹄底溃疡（图 10-44），显露出不健康的肉芽组织。蹄底角质缺损后，异物很快进入蹄底深部组织内引起感染。同时，蹄底角质下可形成不同方向的潜道和化脓性蹄皮炎，发生蹄冠蜂窝织炎等继发性疾病。

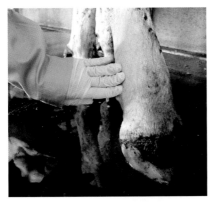

图 10-42 指动脉检查

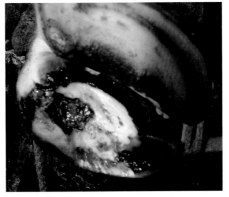

图 10-43 蹄底溃疡，肉芽突出于蹄底表面

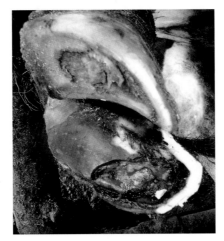

图 10-44 蹄底三角区溃疡

无论哪一个部位的蹄底溃疡，在发病的初期，往往见到蹄底局部角质有黑色潜道，除去部分角质后潜道不消失（图 10-45），继续用钩刀挖去腐烂角质，直到显露蹄真皮。严重的蹄底溃疡蹄底角质分解、糜烂、脱落，暴露蹄底角质下的蹄底真皮，蹄底真皮感染过程中形成赘生肉芽组织突出于蹄底表面。

图 10-45 用钩刀剔除潜道内坏死腐烂角质，
直至真皮

【诊断】清蹄后，削除蹄底角质，即可在底球结合部或蹄底三角区内看出病变。如角

质已缺损，更容易确诊。本病应与外伤性蹄皮炎、白线病、指（趾）间蜂窝织炎、蹄踵糜烂等相区别，同时需鉴别本病引发的并发症。

【治疗】蹄底溃疡主要通过减轻患处的压力来治疗，需要由有经验的修蹄工进行治疗性修蹄。修蹄时，在后肢，要减轻外侧趾的负重面，由健康的内侧趾负重；在前肢，要减轻内侧指的负重面，由健康的外侧趾指负重。最简单的方法是将患趾病灶彻底扩开，内侧趾蹄底修整平整后粘贴木质蹄垫或钉上橡胶蹄垫蹄底（图10-46），这样患有蹄底溃疡的外侧趾即可免负体重，溃疡灶能够获得充足的恢复时间。使用时需注意选择合适的蹄垫，避免使用后蹄垫的后缘过硬对健趾的蹄底造成损伤。蹄垫最长使用1个月，以免对蹄底造成不必要的损伤。

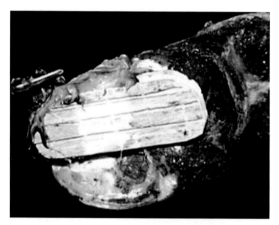

图10-46　健康蹄底粘贴木质蹄托

（引自《奶牛疾病防控治疗学》）

有些专家提出，对突出蹄底的肉芽组织可不切除也不用腐蚀性药物治疗，处理后的患趾无需包扎，因为包扎可能使病灶受到压迫，还可能导致病灶处湿润和感染。这种做法已在我国一些牧场内采用，经临床观察效果较为满意。至于蹄底真皮创面不用包扎的开放治疗是否妥当，还需要针对病变的具体情况而定，不能千篇一律地采用开放疗法。

在很多牧场，修蹄工采用高锰酸钾对蹄底真皮的出血进行止血，这种做法也是不妥的，虽然高锰酸钾对出血部位具有烧灼止血作用，但同时对蹄底健康真皮组织也具有烧灼破坏作用，会延长组织修复的时间。

很多蹄底溃疡的牛不会完全恢复正常，病牛可能呈慢性长期跛行。

【预防】因蹄底溃疡的发生与亚临床型蹄叶炎有关，其预防方法参照蹄叶炎部分的预防方法。

第八节　蹄踵糜烂

蹄踵糜烂是奶牛蹄底和蹄球负重面角质的糜烂，又称为坏死性蹄皮炎，也可继发角质深层组织的疾病。本病冬季多发，长期饲养于粪道积粪尿的环境中的牛多发。对于部分患畜，蹄踵糜烂会引起其他并发症而导致跛行。

【病因】因其病因的不同，蹄踵糜烂可有不同的表现形式。

在亚临床型蹄叶炎多发的集约化、高产牧场，奶牛蹄球负面的软角质柔软易损，易被细菌侵袭。有些牛蹄的蹄球负面表现为凹凸不平。蹄底出血导致蹄球部角质形成同心圆样的凹槽（图 10-47），细菌侵袭这些角质缺损部位可进一步加重蹄踵角质的崩解。有些病例可见蹄踵部角质凸凹不平、分层或呈深沟表现。

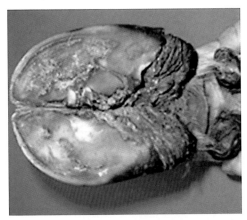

图 10-47 蹄踵糜烂，蹄踵部角质表面变化
（引自《奶牛疾病防控治疗学》）

牛蹄长期接触粪污的奶牛，蹄踵溃疡的发病率要高于干净、干燥环境中饲养的奶牛。

当奶牛患有蹄疣病时，细菌感染向蹄球蔓延。当蹄球发生感染时，蹄球的缓冲作用受到影响，失去了蹄机机能，蹄球的抵抗力降低；感染产黑色素拟杆菌等病原微生物，可引起蹄球的糜烂、萎缩，萎缩的蹄球呈煤焦油色，蹄部直立、变形和严重的跛行（图 10-48）。

图 10-48 蹄球感染，蹄球萎缩、蹄直立状

蹄踵溃疡的发生影响了奶牛蹄球在运步时的缓冲作用，奶牛的重心逐渐前移，常并发蹄底溃疡。

也有人认为结节状丝杆菌与本病有关。可能与指（趾）间皮炎有关。

【症状】除非角质破坏严重，否则病牛不会表现出跛行。初期最典型的损征为蹄踵部角质上有深的、黑色、同心圆状的凹槽，病变部位在蹄底呈 V 形（图 10-49）。随着病程的发展，蹄踵处表现出的损征有很大差异。通常，蹄球轴侧角质缺损更多，可能角质完全脱落，发展成破溃灶（图 10-50）。

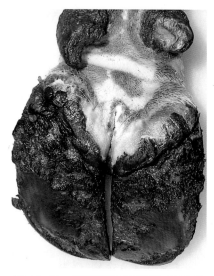

图 10-49 蹄踵糜烂病变部位呈 V 形
（引自《奶牛疾病防控治疗学》）

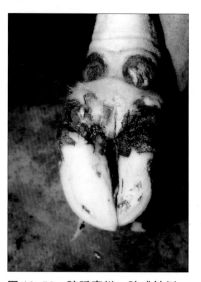

图 10-50 蹄踵糜烂，蹄球轴侧
角质完全脱落
（引自《奶牛疾病防控治疗学》）

【诊断】蹄踵糜烂在检查蹄底时即可发现，但应注意与蹄底溃疡和蹄底外伤性蹄皮炎进行鉴别诊断。

【治疗】进行治疗性修蹄时，需将双侧蹄踵修平。可将蹄底修成从远轴侧向轴侧微斜的斜面。

【预防】蹄踵溃疡的预防重点是加强环境卫生的管理，将牛棚、牛舍内的稀粪及时清理干净。要定期修蹄，每周浴蹄 1~2 次。

第九节 白 线 病

白线是蹄底角质和蹄壁角质的结合部。白线由不含角小管的角质构成，与含角小管的蹄底和蹄壁相比，更为薄弱。蹄真皮的病变可引起白线角质变软，从而导致白线疾病。

白线病指蹄底和远轴侧蹄壁、蹄踵壁间角质纤维性结合部的开裂。病原可从裂口处进入感染蹄真皮，形成局限性脓肿，也可能侵及深部组织形成关节后脓肿。白线病是引起牛跛行的主要疾病之一。

【病因】白线是蹄壳角质最为柔软的部分。许多病因可引起蹄真皮炎，如饲养在粪道积粪的环境中，蹄部受粪尿的浸泡后，蹄底白线部角质会变得更加柔软，容易受到坚硬地面的挤压或坚硬的石子嵌入白线内，引起白线裂开；卧床舒适度不好，奶牛不愿意在卧床上卧下，牛只长期站立；或挤奶厅设计不好，奶牛在待挤厅站立时间太长等，都会引起白线部的角质磨损过快、变薄。另外，瘤胃慢性酸中毒，更会引起蹄真皮的炎症。以上这些因素都会导致白线部的角质营养不良、生长变慢、磨损变快，导致白线角质变薄。白线裂开还会受到运步状态的影响，奶牛在运步时，后肢蹄的远轴侧部先着地，所以最先受到地面冲击力的冲击，此处的角质磨灭也就最快。

白线裂开后，异物可从开裂处进入，异物的填塞可扩大白线裂开的程度与范围，甚至损及其内的蹄真皮引发感染。感染可能导致三种结果：①在蹄底形成局限性脓肿；②沿角小叶与肉小叶之间的间隙形成潜道上行至蹄冠带，继而形成蹄冠脓肿；③沿潜道移形累及其他组织，如潜道邻近蹄踵，可能引起指（趾）深屈肌腱下黏液囊炎或在蹄关节后形成局限性脓肿，最终常继发指（趾）深屈肌腱从蹄骨屈腱突上断裂。

【症状】白线病常发生于后肢外侧趾，站立时患牛以内侧趾负重。无继发症的白线裂，可在修蹄时发现。疼痛和跛行的程度取决于白线脓肿形成的部位。由于感染蔓延的方向不同，可发生各种白线脓肿。检查白线裂病变时，先用蹄刀削掉一层蹄底角质，露出蹄底全部白线区，即可观察到白线裂开的程度与范围（图10-51）。有时削掉蹄底角质后即可见白线裂开并排出恶臭的脓汁（图10-52），但多数白线病的感染部位是远离白线，沿潜道移形到蹄底其他部位感染化脓，脓汁在蹄底角质下存留，使角质与其下方的真皮分离。要确定感染的范围，要用蹄刀仔细分离感染局部的蹄底角质，充分暴露感染的蹄底真皮（图10-53至图10-58）。

白线病奶牛表现严重的支跛，得不到及时处理的病牛，感染可不断向深部蔓延，跛行更为严重。

图10-51　削蹄后，发现白线局部裂开

图10-52　白线病，削蹄底后发现白线裂隙及排出的脓汁

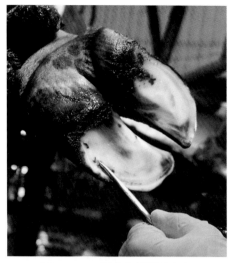

图 10-53　探查白线潜道方向

图 10-54　挖除潜道外的角质

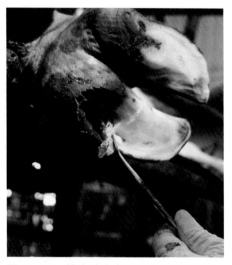

图 10-55　挖去蹄底真皮感染区外的角质

图 10-56　暴露蹄底感染的真皮

图 10-57　感染蹄真皮表面有一层灰白色坏死膜

图 10-58　局部喷涂 3% 龙胆紫

当白线病继发于亚临床型蹄叶炎时，修蹄时可见白线部血染。如发现远轴侧蹄壁上方角质有脓性排出物时，应怀疑白线病。对于上述病例，应仔细检查白线部角质的完整性。白线病累及深部组织时，可见到蹄球肿胀，这时常会误诊为腐蹄病，应注意鉴别。白线病引发的球部关节后脓肿仅一趾的蹄球肿胀。

当指（趾）深屈肌腱感染或坏死时，常引起腱在蹄骨的屈腱突附着处断裂，患蹄负重时蹄尖翘起。

白线裂最易发部位是从轴侧壁向指尖隙延伸的白线部位，由于轴侧处的角质非常薄（1~2mm），因而容易被磨损或异物穿透，在奶牛上修蹄台后即可发现蹄裂（图10-59、图10-60）。

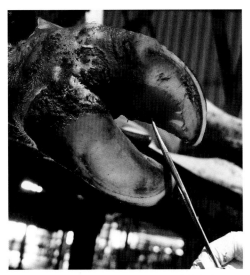

图10-59　蹄轴侧白线病的潜道探查

图10-60　削去局部角质显露感染蹄真皮

【诊断】本病病变位置是固定的，容易诊断，必要时可将蹄底削去一层，即可显露白线发病部位。如果白线裂存在潜道，蹄真皮感染的部位可能沿潜道移行，为此，需挖开潜道外的角质仔细检查，确定蹄真皮感染的部位。

【治疗】对于局限性脓肿，将病灶周围蹄壁削成椭圆形的漏斗状，以便炎性渗出物的排出。对于裂缝内的腐烂角质要全部挖出，直至显露健康角质。当裂缝内腐烂角质接近真皮时，也要把接近真皮处的腐烂角质用蹄刀挖出，真皮内的炎性渗出物或脓液随之排除。要彻底排出真皮内脓液及坏死组织，然后用3%过氧化氢冲洗，再用生理盐水冲洗，最后敷上水杨酸、磺胺、硫酸铜的混合粉剂，包扎蹄绷带。

已形成窦道、继发蹄冠蜂窝织炎的化脓性感染，需从白线部至蹄冠带削除部分远轴侧壁（约0.75cm宽），暴露化脓的蹄真皮。

球后关节脓肿一般较大并有纤维性组织包囊，治疗时引流困难。可通过手术方法，从远轴侧用探针刺入脓肿，在轴侧触到探针后，沿探针做一切口，留置引流管引流。术后几天内连续用生理盐水冲洗脓腔。健指（趾）上需黏附蹄垫，以减轻患指（趾）负重，促进其恢复。

【预防】加强环境管理，及时清理粪污，防止亚临床型蹄叶炎的发生是预防白线病的关键。

第十节　蹄　　裂

蹄裂分为纵裂和横裂。蹄的纵裂是从蹄冠带到蹄负面的不同深度的蹄壁裂隙，常发生在体重较大的肉牛和奶牛。蹄的横裂（横向蹄裂）是角质生成暂时停滞造成的，常见于代谢病，特别是亚临床型蹄叶炎。如果角质生长停滞明显，裂隙可向下深达蹄真皮。不太严重的横裂可在蹄壁角质上形成隆起和凹陷，这种横线又称为"苦难线"。横裂在同一头牛的四个蹄子八个趾（指）上都可能发生。

【病因】蹄壁纵裂多因蹄缘及其下面的蹄冠带损伤引起；另外，气候干热、蹄壁干燥也是引起蹄部纵裂的因素之一；当蹄冠带外伤或蹄冠带发生蹄皮炎疾病都可引起蹄部纵裂。

蹄壁横裂最主要的原因是奶牛亚临床型蹄叶炎过程中的蹄角质生长出现暂时性停滞。横裂的裂隙与蹄冠带平行，可在蹄壁上出现浅的隆凸和凹陷，也称为"苦难线"（图10-61、图10-62）。全裂时，可能发生脱蹄，以及蹄壳完全从断裂处脱落。部分横裂时，旧角质从断裂处不断下退，形成一个角质套，其下真皮拉紧、扭转而疼痛，病牛跛行。断奶应激、换料应激等均可造成犊牛和泌乳奶牛蹄的横裂。

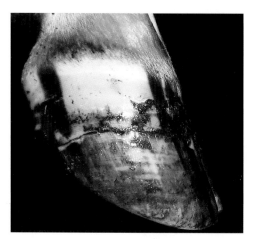

图 10-61　蹄横裂

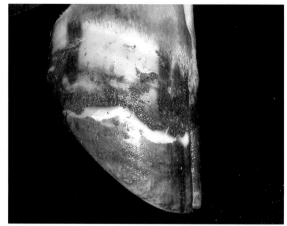

图 10-62　横裂修去横裂突起部分

蹄球裂主要是由于奶牛口蹄疫引起的一种严重的蹄病，前后蹄都可发生，在蹄的蹄球与蹄底结合处发生裂开，粪、土与异物从裂缝处窜入蹄的深部，引起蹄真皮的感染，疼痛严重，卧地不能起立（图10-63至图10-66）。

图 10-63 前后肢蹄球全部裂开

图 10-64 蹄球裂开向前到蹄冠裂开

图 10-65 蹄球角质完全裂开

图 10-66 蹄冠裂开,蹄壳将要脱落

蹄尖部的横裂,多因奶牛蹄部长期被粪尿浸泡,蹄角质变软裂开(图 10-67、图 10-68)。

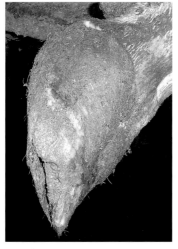

图 10-67 远轴侧蹄部裂

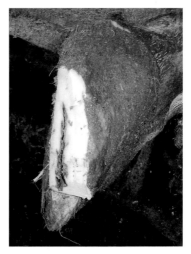

图 10-68 切削蹄裂处发现裂隙内有粪土填塞

【**症状**】纵裂分为5种类型：Ⅰ型与蹄冠带相连；Ⅱ型纵裂从蹄冠带至背侧蹄壁中部；Ⅲ型从蹄冠带至蹄负重面，贯穿整个蹄壁（图10-69）；Ⅳ型起于蹄壁中部止于蹄负重面；Ⅴ型纵裂是仅见于蹄壁中部的裂隙。

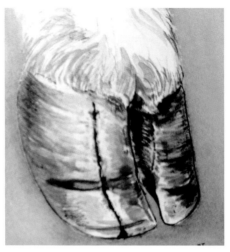

图10-69 蹄壁纵裂，从蹄冠带到蹄负面

蹄壁横裂是牛群代谢疾病的局部表现。可根据横裂与蹄冠间的距离和蹄壁生长的速度判断出代谢疾病发生的大致时间，追溯过去牛群饲养管理中存在的问题。成母牛蹄前壁的生长速度约5~8mm/月。青年牛、集约化饲养的奶牛、夏季蹄壳生长速度相对快些。

【**诊断**】根据蹄壁的局部症状即可确诊。

【**治疗**】横裂病例一般不需治疗，只有横裂的突起明显处，可用蹄刀将突起明显的部分角质削平即可。对于极深的裂隙，可能形成角质套，可用蹄刀将角质套削除（图10-70）。

对于横裂发病率高的牧场，可能是因代谢疾病引起的蹄叶炎的结果，要分析引起横裂的代谢疾病发生的时间，如果饲养管理仍然存在问题时，要调整饲料配方给以纠正。

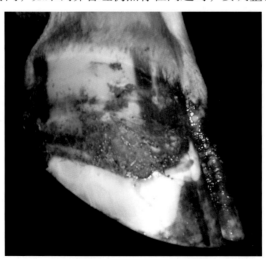

图10-70 蹄壁横裂，削去蹄壁凸起的角质套

纵裂不严重的病例无疼痛表现，无需治疗，纵裂导致牛跛行的病例，需进行治疗。

位于远轴侧蹄冠带处的 I 型纵裂较危险，因为此处靠近远端指（趾）骨的伸肌突。此处紧邻蹄关节，如纵裂感染，有导致蹄关节炎的危险。对于这种病例，可将裂隙边缘的角质切除，敷以抗生素粉后，垫上敷料后，可用 2.5cm 宽的黏弹性绷带包扎蹄冠带。

II 型和 III 型纵裂，常将裂隙边缘切削整齐并扩开裂隙，然后用异丁烯酸甲酯黏合。

对于因干热引起的蹄壁裂，可在蹄壁上涂熟豆油，以减少蹄壁的水分散发。

对于口蹄疫引起的蹄球部的裂开，一旦确诊为口蹄疫病后。应按照防疫法有关规定，对发生口蹄疫的牛进行无害化处理，同时要对发病的牛场采取封锁、消毒等应急措施。为预防口蹄疫的流行，要对牛群每年进行 3 次以上的口蹄疫疫苗的预防接种。

【预防】尽量减少奶牛应激，饲料中添加生物素 ［10mg（头·天）］ 等对预防本病有良好的效果。

第十一节　蹄底挫伤

蹄底挫伤指蹄底真皮受到硬物的碰撞、挤压而发生的蹄底角质与真皮的非开放性损伤。如奶牛运动时不小心踩在石子上、砖瓦碎块等钝性物体上，压迫和撞击蹄底造成的真皮挫伤，常伴有真皮组织的瘀血（图 10-71）。如挫伤的真皮组织继发感染，可引起蹄真皮的化脓性炎症。奶牛的蹄底挫伤多发于蹄底和底球结合部。

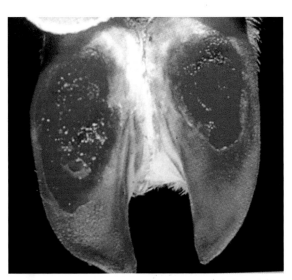

图 10-71　蹄底挫伤，取下蹄壳后的蹄底真皮出血

【病因】当牛舍的颈枷侧水泥地面风化后，石子裸露、地面不平，常常引起蹄底的挫伤。牛舍距离挤奶厅很远，在没有铺设橡胶垫的通道上，奶牛每天往返多次，导致蹄底磨损严重，蹄底变薄，当蹄部踩到地面不平的硬物上，很容易发生蹄底挫伤。引起泌乳

牛发生本病的病因还与修蹄不当、蹄底不平等原因有关。

【症状】轻度挫伤可能无跛行表现，所以常被忽视。修蹄时，可见蹄底角质有血染，出现黄色、红色或褐色着色，这些不同的颜色是蹄底出血后的不同阶段的血色素变化的结果。着色的角质一次或几次修蹄后可清除。

严重的挫伤，奶牛表现不同程度的机能障碍，站立时患肢减负或免负体重，以蹄尖着地。运步时呈典型的支跛，在不平的路面运步时，跛行加重，在运动中可能出现跛行突然加重的现象，是挫伤部再次受压引起疼痛所致。患侧趾（指）动脉搏动增强，蹄温升高，以检蹄器压诊挫伤部时，患畜表现剧痛。

修蹄检查时，挫伤部可见角质血染，可呈点状或片状出血。严重的挫伤，可能形成血肿，蹄底角质下形成小的腔洞，其中有凝血块（图10-72、图10-73）。

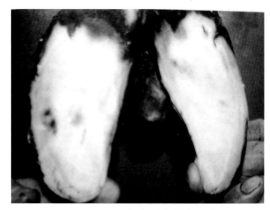

图 10-72 局部角质有黄色斑点

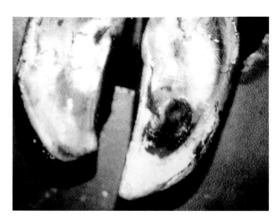

图 10-73 局部角质有出血及黄色斑点

挫伤部发生感染时，可引起蹄底化脓（图10-74）。脓汁扩散后，使角质剥离，形成潜道。有时可沿小叶间隙上行，引起蹄冠蜂窝织炎，并可从蹄冠处破溃。蹄化脓时，常有全身症状。化脓灶破溃后，跛行可减轻，全身症状可消失。

图 10-74 蹄底化脓，脓液流出

【诊断】蹄底挫伤时，将奶牛保定在修蹄台上，清洗蹄后，用检蹄钳钳压蹄底即可确定受挫部位，必要时可削薄蹄底后再行检查，以确定挫伤的部位和程度。

【治疗】蹄底挫伤后24h内可采取冷蹄浴，以促进蹄底真皮毛细血管的收缩，减少溢血。轻度无败性挫伤，可不用药物治疗，炎症可在2~3天后消除。重度挫伤可用非甾体抗炎药和止血药，为防止蹄底真皮的继发感染，可考虑使用抗生素。如已发生化脓性炎症反应，彻底清创，切除病灶周围所有坏死组织，扩开潜道，彻底排脓（图10-75），用双氧水冲洗后，局部使用抗生素粉剂或喷剂。

图10-75　蹄底化脓的修蹄，暴露蹄底感染的真皮

【预防】加强牛舍地面的维修，有条件的牧场要在颈枷侧的地面上和挤奶通道上铺设橡胶垫，以减少牛场地面的摩擦力和降低蹄底角质磨灭速度；清理运动场、粪道和待挤厅等通道上的粪便，去除引起挫伤的石块、砖头等异物；加强修蹄技能培训，提高修蹄水平。

第十二节　蹄部脓肿

奶牛蹄部脓肿指蹄部所有脓肿的总称。根据其发病部位的不同，常见的有蹄尖脓肿、白线脓肿、蹄冠带脓肿、蹄踵脓肿（球部关节后脓肿）和球节脓肿等。

【病因】蹄尖脓肿与蹄尖挫伤及蹄尖部的白线裂感染有关。有人报道蹄尖脓肿与蹄叶炎有关。

白线脓肿：是白线裂后污物侵入白线裂感染蹄真皮的结果。

蹄冠带脓肿：起源于白线的感染，病原沿蹄壁下向上行蔓延到蹄冠，并感染蹄冠深部的组织，引起局限性脓肿。

蹄踵脓肿（球部关节后脓肿）：是球部蹄关节后指（趾）枕的脓肿。继发于指（趾）间坏死杆菌病、化脓性下籽骨滑膜囊炎、蹄关节炎、蹄踵糜烂和球部反复刺伤等病因。

球节脓肿：指（趾）部冠骨、系骨周围的皮肤、皮下及深部组织内的脓肿，大多与关节挫伤、擦伤及小的创口感染引起。

【症状】蹄尖脓肿的病例可能表现为蹄尖上翘，以蹄踵负重。如前肢患病，病牛可能呈后坐状态；如后肢患病，病肢跗关节屈曲，呈"曲飞"状（图10-76）。病牛保定后，压诊患处可能感觉到蹄尖部蹄底疼痛与柔软（图10-77）。

蹄踵脓肿（球部关节后脓肿）在球部上方两悬蹄下有突出的局限性肿胀。指压呈紧张些波动，脓腔内脓液越多，指压感到越坚实，常常感觉不到波动。奶牛呈重度支跛行，以指（趾）尖立于地面负重。当脓肿破溃后，可有窦道向外排脓（图10-78、图10-79）。

白线脓肿症状参见白线病部分。

图10-76 后肢呈直飞状

图10-77 检蹄钳钳压蹄尖部疼痛，柔软

图10-78 蹄球部脓肿

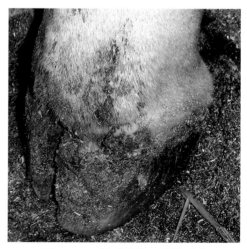

图10-79 蹄球肿胀、脓肿形成

冠骨、系骨周围组织脓肿也较为多见，在系部出现肿胀，奶牛运动时表现重度支跛，以蹄尖轻轻负重（图10-80、图10-81）。

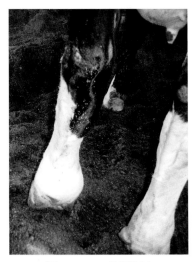
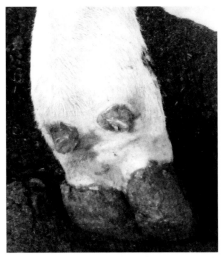

图 10-80 系部脓肿   图 10-81 系部脓肿

【诊断】蹄尖脓肿和白线脓肿根据症状结合修蹄进行诊断。

球部关节后脓肿：由于球部上方有巨大的肿胀，确诊可对脓肿进行穿刺诊断。

【治疗】蹄部脓肿的治疗方法是切开排脓、引流。由于脓肿的部位不同，治疗方法也有很大差别。

白线的脓肿：蹄部清洗、碘酊消毒后，用钩刀挖开真皮化脓对应处的角质，直到脓液排出为止。还要检查真皮蓄脓处有无坏死组织，如果存在坏死组织，对坏死组织也要取出，但操作要仔细，尽量避免蹄真皮出血。然后用 3% 过氧化氢冲洗脓腔，再用生理盐水冲洗后，创口敷以水杨酸、磺胺、硫酸铜粉剂后（图 10-82），包扎蹄绷带。健指（趾）蹄底黏附木质蹄垫后饲养于干净干燥的环境中。

图 10-82 蹄底敷上水杨酸、磺胺、硫酸铜粉剂，底层为松馏油

球部关节后脓肿（图 10-83）需进行手术排脓。手术在无菌操作下进行。采用传导麻醉，在指（趾）远轴侧球部角质上用蹄刀挖开角质（图 10-84），除去角质后有的脓液即可流出；对深部不能排出的脓液，可以用生理盐水冲洗（图 10-85）。有的脓肿在深部难以接近，可用套管针从此切口对着球的轴侧部上方刺入，通过脓肿到达球部上方皮肤，

并在此处切开皮肤。插入硬塑料管，用大量消毒液体冲洗，再用生理盐水冲洗和加抗生素的生理盐水液体冲洗，除去脓肿内的纤维蛋白块和一切坏死组织，创内用碘甘油纱布条填塞引流，包扎，定期换药，直到化脓过程停止。

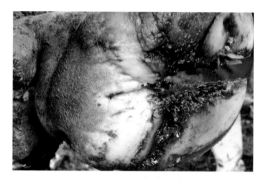

图 10-83　蹄球脓肿

图 10-84　挖开蹄球脓肿外角质，排出脓液

图 10-85　用生理盐水冲洗脓腔深部

　　对于球节部的脓肿，可将牛保定于修蹄台上，也可在全身麻醉下对患肢进行保定（图 10-86），切开脓肿，排出脓液（图 10-87）。对脓腔内坏死组织及纤维素，可用止血钳取出（图 10-88）。用 0.1% 新洁尔灭冲洗脓腔后，用浸有碘甘油灭菌纱布绷带填塞入脓腔内引流。

图 10-86　对奶牛保定与术部剃毛

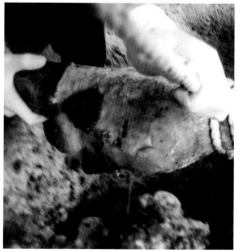

图 10-87　切开排除脓液

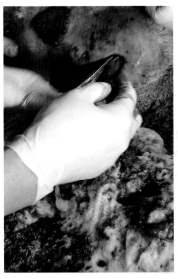

图 10-88　用止血钳伸入脓腔内
取出坏死组织与纤维
素脓块

【预防】蹄部脓肿的发生都与奶牛的护蹄工作有关，与粪道、卧床及运动场的管理工作有关，还要重点关注如何减少围产期奶牛的应激，严防出现亚临床型瘤胃酸中毒。

要保持牛舍、卧床及粪道的舒适度，保持环境干净干燥，粪污及时清理，减少各种蹄部的损伤。

第十三节　蹄底刺伤

锐利的异物刺伤蹄底引起蹄底真皮感染和化脓。

【病因】尖锐物体刺伤蹄底引起蹄底真皮的感染。常见于奶牛蹄子踩在牵引刮粪板的钢丝绳的钢丝断头上，引起蹄底的刺伤。赶牛通道上铺设的橡胶垫，固定橡胶垫的铁钉从地面上退出，牛蹄踩在铁钉上引起蹄底刺伤；地面裸露的石子、玻璃等异物嵌入蹄底。即使异物不穿透蹄底角质，其对局部的压迫也可能导致患蹄疼痛和跛行。

蹄底刺伤时，微生物和污物可随致伤物进入深部组织，引起蹄底真皮的感染、化脓。

蹄底角质过度磨损，蹄底角质软、薄、不平，慢性蹄叶炎或变形蹄都易造成蹄底刺伤，体重大的牛易发。

【症状】蹄底发生刺伤后，奶牛立即有不适表现，如患蹄负重时间缩短，运步时表现明显的支跛，抖蹄，患肢突然屈曲。经 2～3 天后蹄底真皮感染化脓，跛行更为严重，站立时患肢蹄尖轻轻触地，免负体重，运动时表现重度支跛行，或呈三脚跳跃前进。如刺伤底球结合部，感染向球部蔓延，使球部角质与真皮剥离，轴侧部尤为明显。局部感染后形成的脓汁和渗出液将蹄底角质和真皮分离开。炎症反应消失后，新的角质生成形成新的蹄底，形成临床上见到的双蹄底（图10-89）。

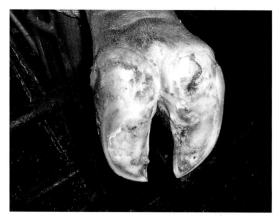

图 10-89 去除外层松软的角质后，露出覆盖在真皮外的一层上皮样角质

如刺伤牛的蹄球部时，经24~72h，患侧蹄球部可出现肿胀，蹄冠带表皮坏死，由于渗出物沿真皮向角质下蔓延，出现明显的疼痛反应及患肢抽动和高抬腿现象，患蹄不敢负重或以蹄尖部轻轻着地，避免用患部负重。

牛底球结合部或蹄球部刺伤，可能并发腱和腱鞘的损伤，舟状骨滑膜囊损伤，甚至损伤到蹄关节，形成球部关节后脓肿。

【诊断】仔细检查蹄底，找到异物或刺入孔（图10-90）。有时刺伤蹄底的异物已经退出，但在刺伤蹄底的同时将污物带入真皮内，仍然会导致感染，诊断时可用检蹄器钳压蹄底，找到疼点即异物刺入点。

要与蹄底挫伤、急性蹄叶炎、蹄骨骨折、腐蹄病、蹄底溃疡和球部关节后脓肿进行鉴别诊断。

图 10-90 一个铁钉从白线轴侧穿透蹄底角质，引起真皮感染

【治疗】检查蹄底时，如发现刺入的异物还存留于刺入孔中，不要急于将异物拔出，先将患蹄清蹄，用消毒液清洗并擦干，用5%碘酊消毒，然后拔出异物，同时注意异物刺入的方向和深度。

如只发现刺入孔而无异物时，也应按上述程序处理。

将刺入孔的角质用蹄刀扩成漏斗状直到蹄真皮，病灶内化脓性渗出液或脓汁即可从创口排出，检查创内有无坏死组织，并取出所有可见的坏死组织。如果角质下存在潜道，应扩开角质下的潜道（图10-91），排出脓液。

图 10-91　蹄底异物刺伤二处，挖开蹄底角质，排除脓液

在蹄球部发生刺伤时，扩开刺入口的角质，放出化脓性渗出液，应尽量减少对蹄球部软角质的削除。深部组织有坏死时，应彻底去除坏死组织，如有死骨片时，必须取出。用3%过氧化氢清洗化脓处真皮，再用生理盐水冲洗，最后向创内灌注碘酊，以控制深部感染。角质缺损面用水杨酸、磺胺、硫酸铜粉剂覆盖，用防水绷带包扎或健侧指（趾）黏附蹄垫。

附　　录

附录1　Intracare 护蹄膏的使用

护蹄膏来自于荷兰 Intracare BV 公司，是用于牛蹄保健且不含任何抗生素的护蹄产品（附图 1-1）。这款高浓缩的护蹄膏特别适于治疗使用。本品可用于患有多种蹄病的病牛治疗。

附图 1-1　Intracare 护蹄膏

一、主要成分

芦荟提取物，有机螯合的矿物质（铜和锌），护肤成分，特殊的黏合剂，稳定剂和乳化剂。产品不含任何抗生素；有机螯合的矿物质比以硫酸盐的形式存在的矿物质的稳定性及溶解性更高；特殊的黏合剂使产品可以长时间作用；见效快，无需长时间等待；不会产生皮肤过敏。

二、适应证

对蹄疣有特效。腐蹄病、急性腐蹄病、趾间皮炎、蹄叶炎均有疗效。本产品不能用于蹄底溃疡，因为此蹄病是由于内部组织感染引起的肿胀，所以必须使用抗生素来治疗。

三、使用方法

护蹄膏特别适于牛蹄病的个体治疗（附图 1-2）。

（1）将牛只保定。

（2）如有需要，应先修蹄（定期修蹄）。

（3）彻底清洁蹄面，确保蹄面和趾间无粪便残留，擦干蹄面。

（4）使用附带的刷子将护蹄胶涂抹于蹄面和趾间。

（5）由于其自身的高浓缩和强附着力，护蹄胶可以有效在蹄面停留 4~5 天。如有需要，可重复涂抹。

（6）当遇到病情严重的案例时，建议对蹄部进行包扎，最多 4 天之后应去除包扎。

附图 1-2　intracare 护蹄膏使用方法

四、同类产品的活性成分

同类护蹄产品的活性成分比较见附表 1-1。

附表 1-1　同类护蹄产品的活性成分比较

活性成分	效果比较
过氧化氢（H_2O_2）	不稳定，与粪便接触后药效立减
有机酸	有腐蚀性，仅在表面消毒，无深度疗效，有效作用时间短
甲醛	对敏感性皮肤有腐蚀性，使用有危险，无深度疗效，使蹄部变硬
硫酸盐形式的矿物质	极度不稳定，效果差
醛化合物	仅在表面消毒，无深度疗效

附录 2　护蹄喷雾剂的使用

一、适应证

Repiderma 是护蹄系列产品之一，可以快速促进皮肤损伤处愈合。本产品为螯合锌铜通过微粒化处理制成，很容易被皮肤吸收，因此作用效果显著迅速。对于牧场生产者保持奶牛皮肤良好状况，Repiderma 是最佳的选择（附图 2-1）。

附图 2-1　护蹄喷雾剂

二、主要成分

螯合铜，螯合锌，丁烷 100。

三、用法与用量

Repiderma 仅限于外用。使用前充分摇晃。在距离皮肤表面 15~20cm 处，垂直喷 3s，随即皮肤表现会均匀上色。若有需要，30s 后再喷一次。使用时要让产品最少有 30s 的吸收时间。

四、贮存与保管

本品应贮存温度低于 25℃。避免冷藏或冷冻。喷雾器是在压力下工作，因此喷雾罐要避免阳光直射，也不要暴露在 50℃以上的环境中。避免贮存在火源附近。避免吸烟。

五、使用注意事项

避免喷雾直接接触到眼镜，否则会引起过敏。使用 Repiderma 之前要彻底清洁皮肤表面。使用后，皮肤要保持干燥。产品无副作用。在使用本产品时，佩戴防水手套。避免吸入喷雾气体。

图书在版编目（CIP）数据

现代规模化奶牛场肢蹄病防控学／刘云，王春璈著.
—北京：中国农业出版社，2016.5
ISBN 978-7-109-21700-3

Ⅰ.①现…　Ⅱ.①刘…　②王…　Ⅲ.①乳牛—蹄病—
防治　Ⅳ.①S858.23

中国版本图书馆CIP数据核字（2016）第104420号

中国农业出版社出版
（北京市朝阳区麦子店街18号楼）
（邮政编码 100125）
责任编辑　邱利伟　周锦玉

中国农业出版社印刷厂印刷　新华书店北京发行所发行
2016 年 5 月第 1 版　2016 年 5 月北京第 1 次印刷

开本：787mm×1092mm 1/16　印张：11.75
字数：290 千字
定价：168.00 元
（凡本版图书出现印刷、装订错误，请向出版社发行部调换）